Das Zahlenbuch 1

für

....

von

Erich Ch. Wittmann und Gerhard N. Müller

Unter Beratung von

Albert Berger, Heiden
Jutta Breidert, Köln
Brigitte Bosch, Freiburg
Ingrid Buttmi, Freiburg
Dorothee Fauteck, Wildberg
Marion Ganz, Radolfzell
Ursula Görlich, Herrenberg
Christiane Henzler, Bochum
Gisela Knausenberger, St. Georgen
Gertrud Mollenhauer, Mönchengladbach
Gertrud Voosen, Köln
Rudi Wolff, Rüdesheim/Nahe

programm mathe 2000
von
Prof. Dr. E. Ch. Wittmann
und Prof. Dr. G. Müller

Ernst Klett Grundschulverlag
Leipzig Stuttgart Düsseldorf

Inhaltsübersicht

Arithmetik (mit ⚡ *Blitzrechenkurs*), **Sachrechnen** und **Geometrie** sind farbig gekennzeichnet.

Ausführliche Informationen im Lehrerhandbuch

Inhaltsübersicht

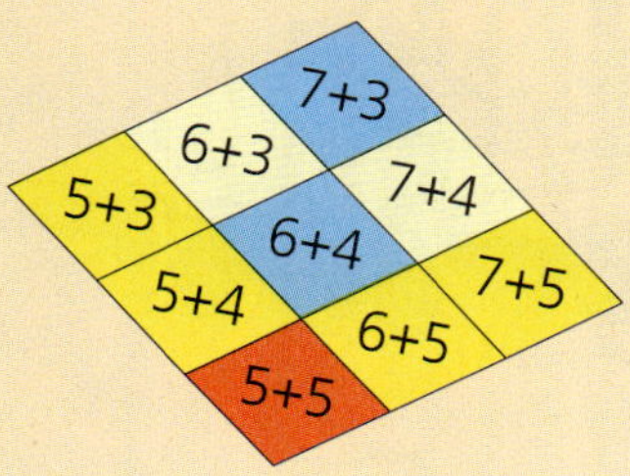

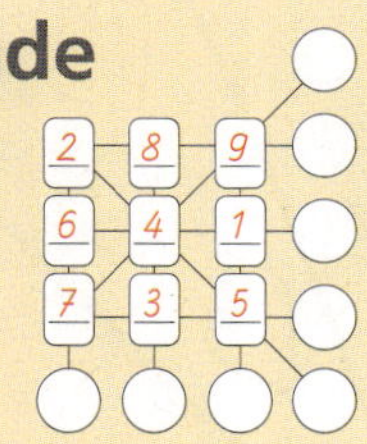

Der (Igel) zeigt „Schnüffelaufgaben" und gibt Hinweise auf kooperative Arbeitsformen.

Diese Aufgabe wird im Heft gerechnet.

3 Hier erzeugt ein Arbeitsauftrag eine „unerschöpfliche" Fülle von Aufgaben.

Diese Aufgabe soll vorgelesen werden.

An dieser Stelle finden sich auf den folgenden Seiten kurze Hinweise zur Arbeit mit dem Schülerbuch.
▪ weist auf passende Seiten im Arbeitsheft hin.

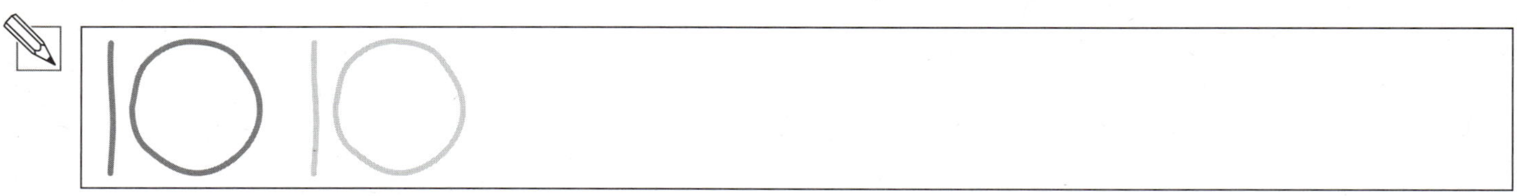

Über die Einschulung sprechen.
Schultüten wieder erkennen und entsprechend ausmalen.
✎ Muster fortsetzen.

Standortbestimmung durchführen: „Welche Zahlen kennst du schon?"
Zahlen ausmalen, evtl. Zahlen und Farben benennen.
✎ Muster fortsetzen.
Seite 3

Zahlen von 1 bis 5

1	2	3	4	5

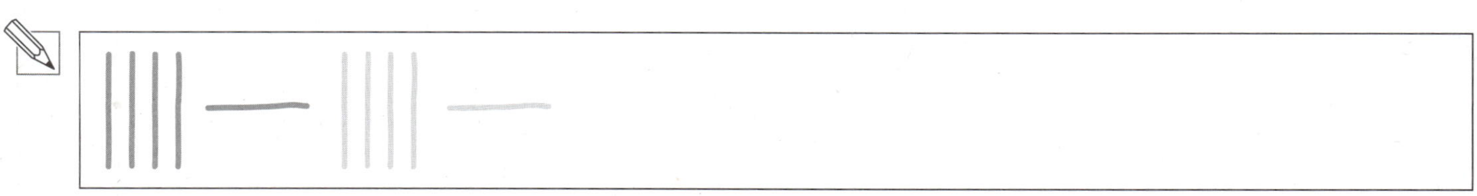

Erster Überblick über die Zahlen 1 bis 5.
Anzahlen bestimmen, Menge und Zahl verbinden.
Muster fortsetzen.
Seite 4, 5

6	7	8	9	10

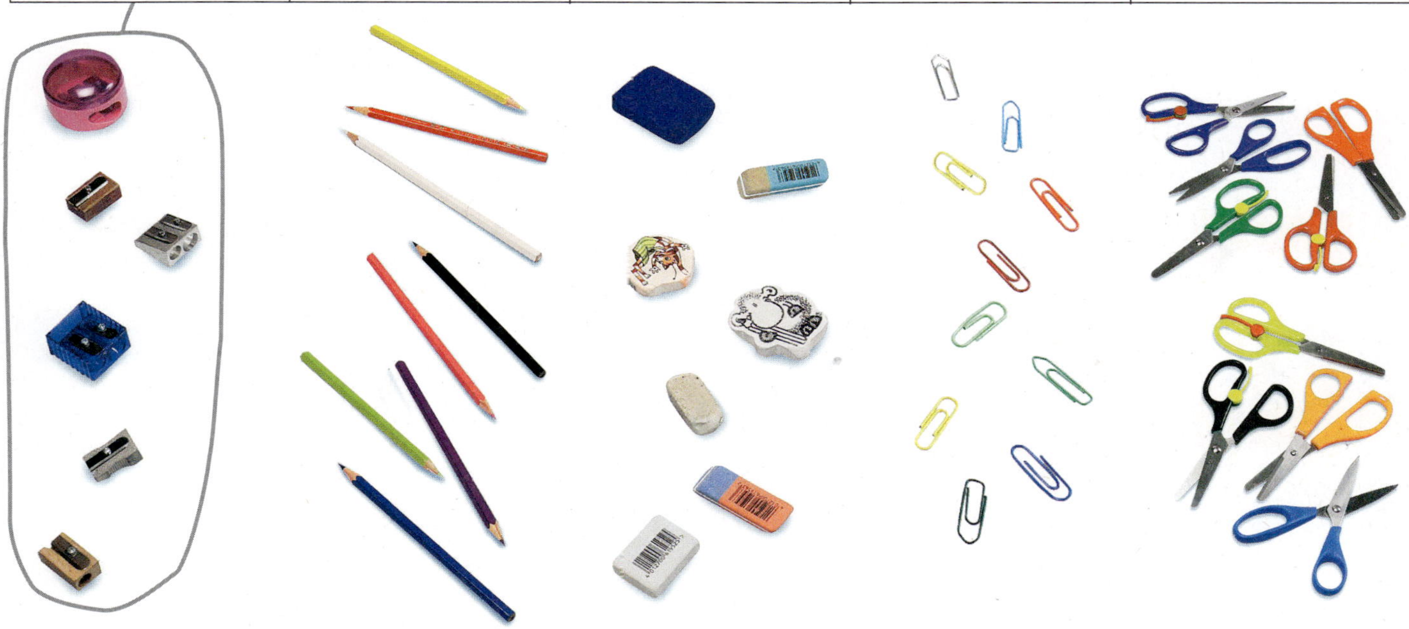

Erster Überblick über die Zahlen 6 bis 10
Anzahlen bestimmen, Menge und Zahl verbinden.
✎ Muster fortsetzen.
Seite 5, 6

Mehr – weniger – gleich viel

1 Gibt es für jedes Kind einen Stuhl?

2 Gibt es zu jedem Buch ein Heft?

Mengen durch 1:1-Zuordnung vergleichen, evtl. mit Hilfe von Plättchen als Stellvertretern für die Elemente.
Z. B. Plättchen auf stehende Kinder legen, danach auf die leeren Stühle schieben.

Mehr – weniger – gleich viel

1 Gibt es für jedes Kind eine Kugel?

2

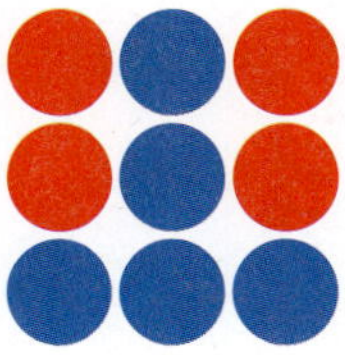

3

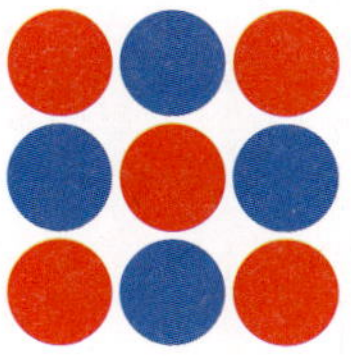

4

5

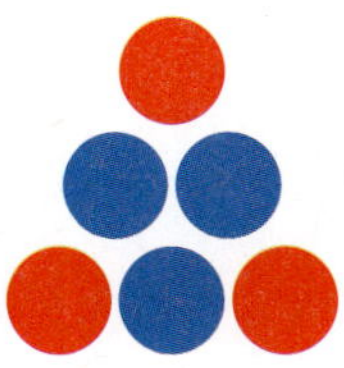

6

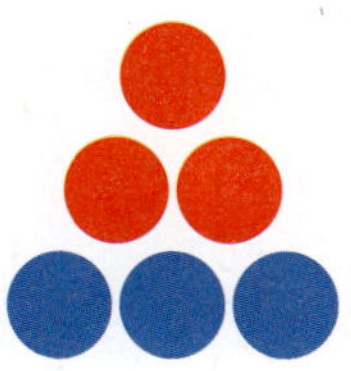

7

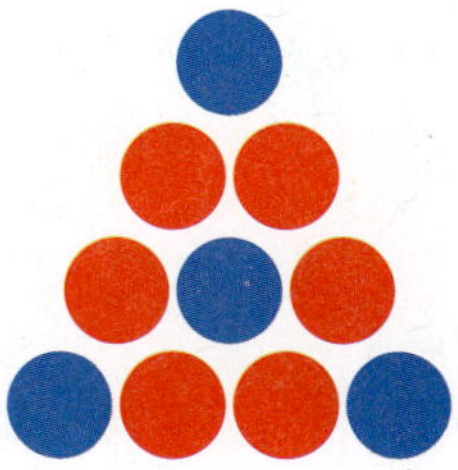

8

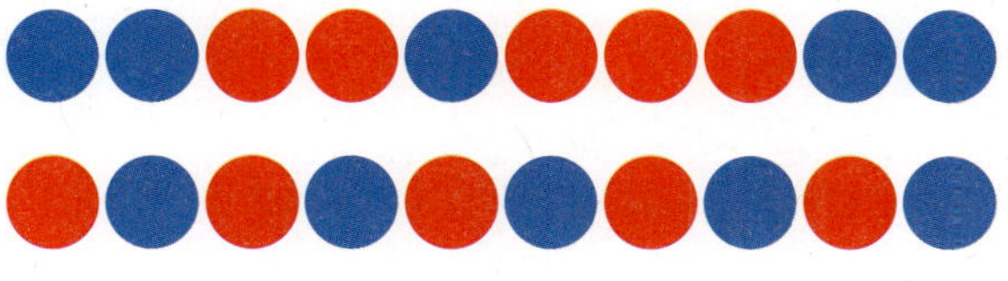

1 Mengen durch 1:1-Zuordnung vergleichen, evtl. mit Hilfe von Plättchen als Stellvertretern.
2 – 8 Muster von Plättchen nachlegen. Anzahlen der roten und blauen Plättchen durch Paarbildung vergleichen.
Seite 7

Unten – oben

Geschichte von den Bremer Stadtmusikanten erzählen.
Lagebeziehungen (unten – oben, vorne – hinten) besprechen.
Evtl. Tierpyramide selbst zeichnen.

1

2 Es fliegt ein Vogel ganz allein.
Schau her, jetzt fliegen zwei.

Sie fliegen nach rechts, sie fliegen nach links.
Sie fliegen nach unten, sie fliegen nach oben.

Sie fliegen fort und kommen wieder.
Sie picken Körner, eins, zwei, drei, vier, fünf.
Sie fliegen fort und kommen heim.

3

1, 3 „Links" und „rechts" in Alltagssituationen nachspielen und besprechen.
2 Lagebeziehungen (links, rechts, oben, unten) mit den Händen als Vögeln spielerisch darstellen.

Zahlenkarten

1

2

3

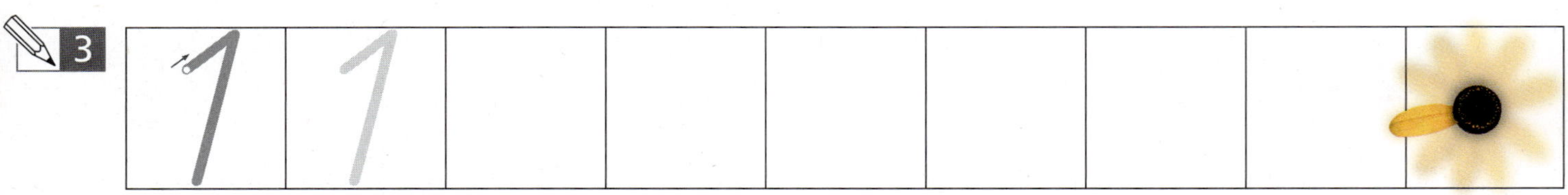

1 Menge und Zahl verbinden.
2 Anzahlen als Quartett unterschiedlich darstellen. Eigene Zahlenquartette herstellen (Kopiervorlage).
3 Ziffer 1 schreiben. Zahl 1 in der Umwelt ansprechen.
Seite 8

1

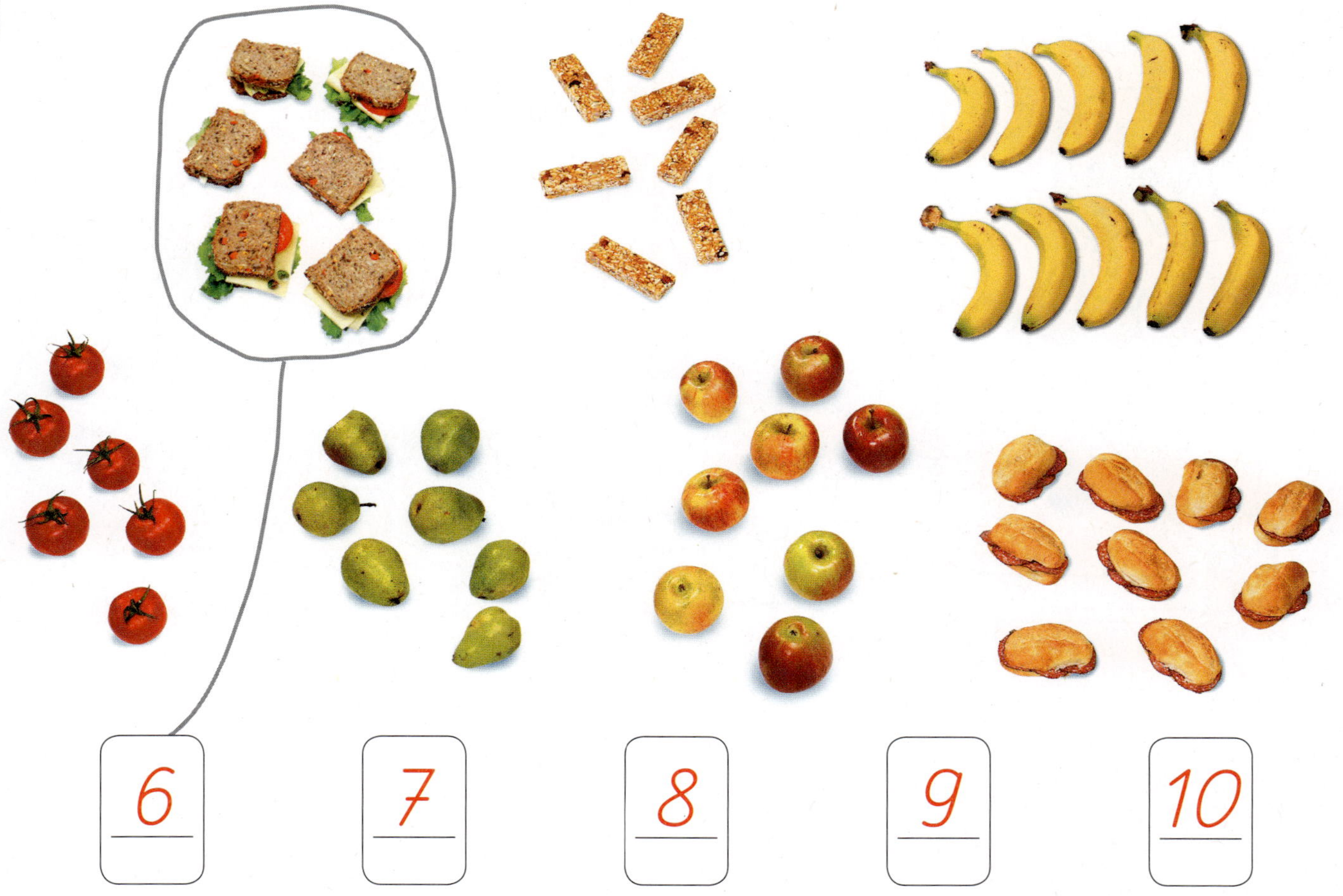

2

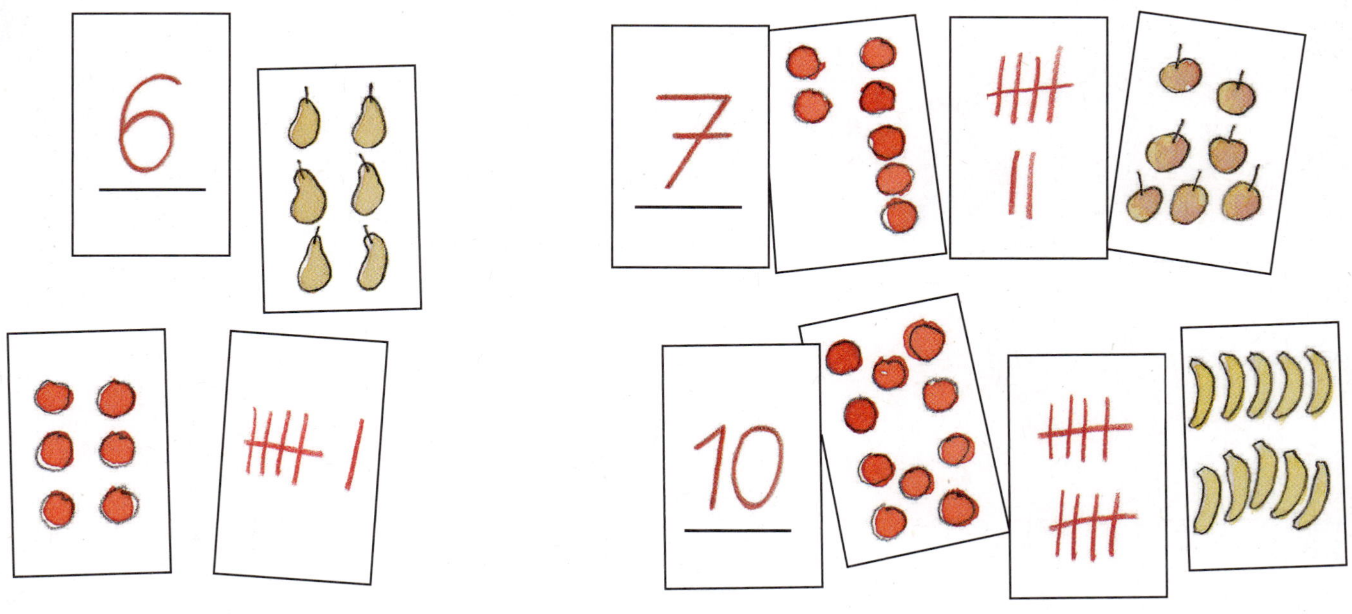

3

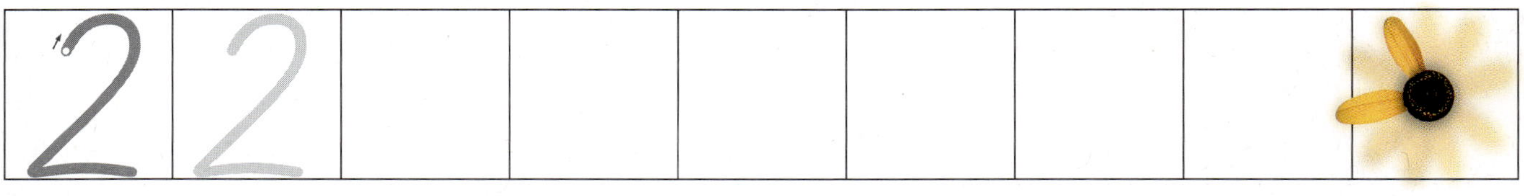

1 Menge und Zahl verbinden.
2 Anzahlen als Quartett unterschiedlich darstellen. Eigene Zahlenquartette herstellen (Kopiervorlage).
3 Ziffer 2 schreiben. Zahl 2 in der Umwelt ansprechen.

Seite 9

Stempeln und zählen

1

	||	△	||
		□	
		○	

2

		△	
		□	
		○	

3

3	3							
4	4							

1, 2 Figuren beschreiben, dabei Farben, Formen, Lagebeziehungen benennen.
Für jedes Merkmal (Farbe, Form) Anzahl bestimmen und in die Strichliste eintragen.
3 Ziffer 3 und 4 schreiben. Zahlen 3 und 4 in der Umwelt ansprechen.
Seite 10

Räuber und Goldschatz

1

2

5	5							
6	6							

1 Würfelspiel in Partnerarbeit: Start bei 10; durch abwechselndes Würfeln und Ziehen den Schatz in die eigene Höhle bringen. Die Kenntnis der Zahlenreihe ist für das Spiel nicht notwendig.
5 Ziffern 5 und 6 schreiben. Zahlen 5 und 6 in der Umwelt ansprechen.

Schöne Muster

1

2 Lege: Immer 7

3 Lege und male. Immer 4

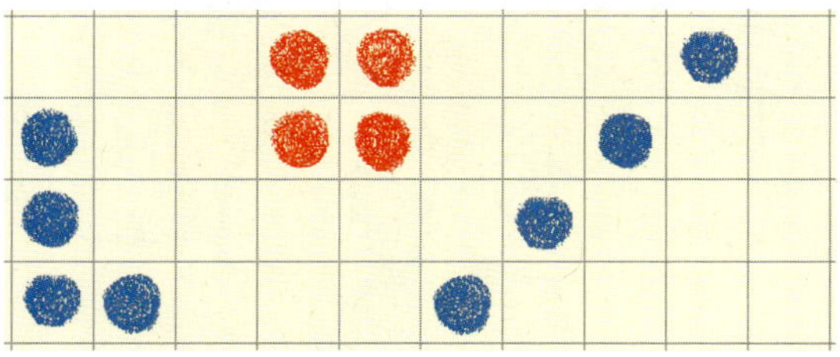

4 Lege und male. Immer 5

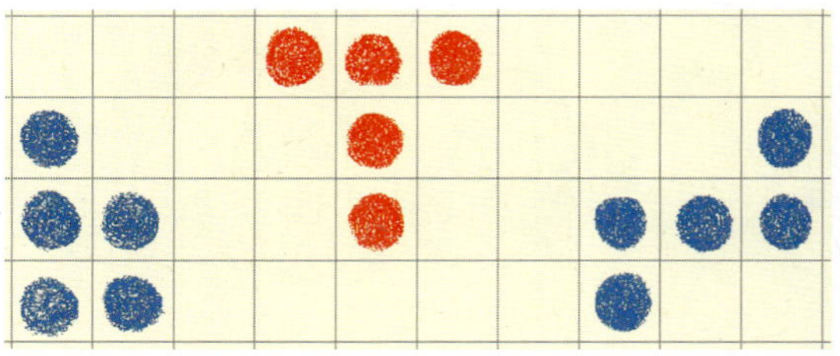

5 Immer 3

6 Immer 6

7 Immer 8

8

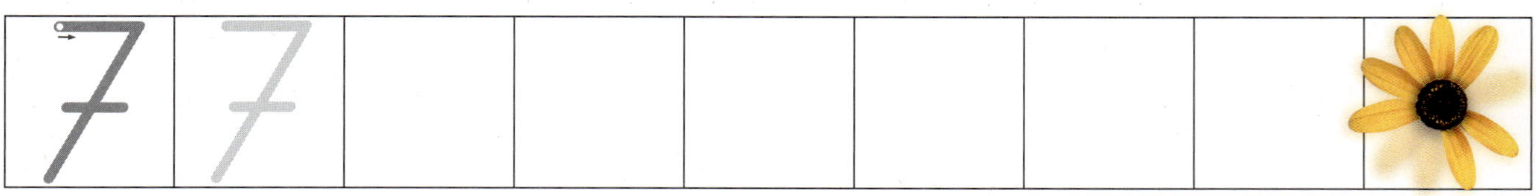

1 Über Sterne und Sternbilder sprechen. Sterne in den Sternbildern zählen (immer 7) und nachlegen.
2 Muster zu vorgegebenen Zahlen legen. **3 – 7** Muster legen und ins Heft zeichnen.
8 Ziffer 7 schreiben. Zahl 7 in der Umwelt ansprechen.
Seite 11, 12

1 Lege nach.

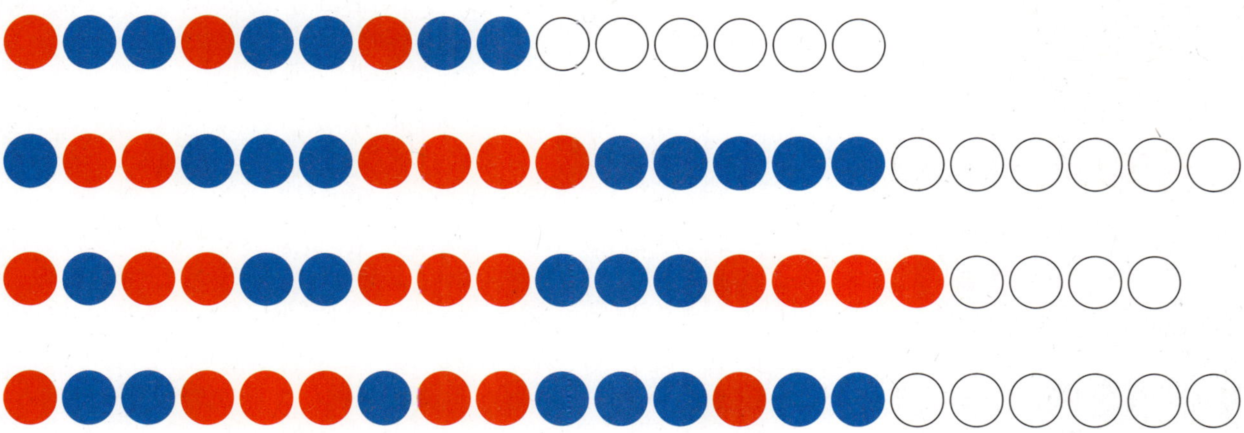

2 Erfinde eigene Muster.

Forschen und Finden

Immer

Lege und male.

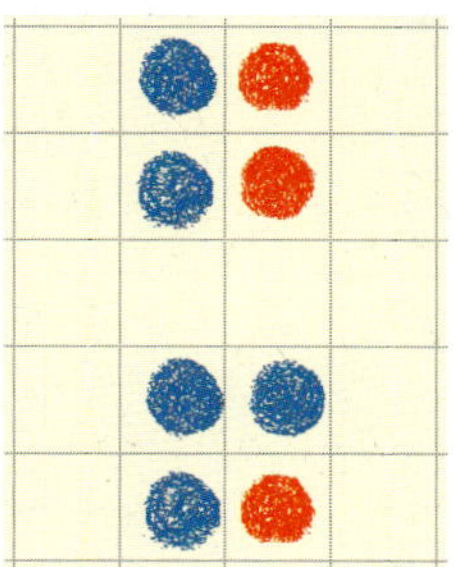

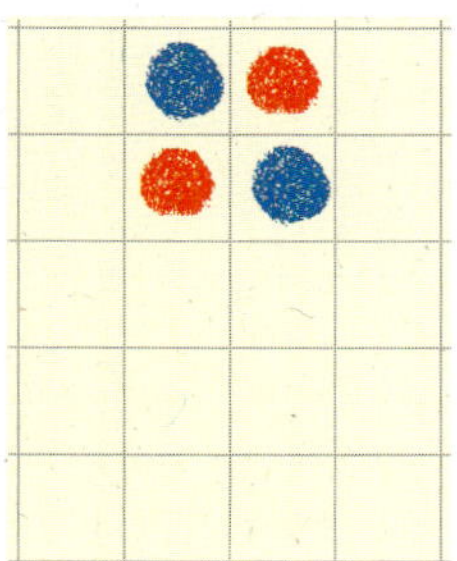

Finde weitere Muster.

1 Plättchen nachlegen, Legeregel erkennen, beschreiben, Muster fortsetzen.
2 Eigene regelhafte Muster legen oder malen. Erste Zahlenexpedition (Lehrerband): Die Würfelvier mit Plättchen verschieden legen und malen. Variation: Würfelfünf oder -sechs.
Seite 12

Plättchen werfen

1

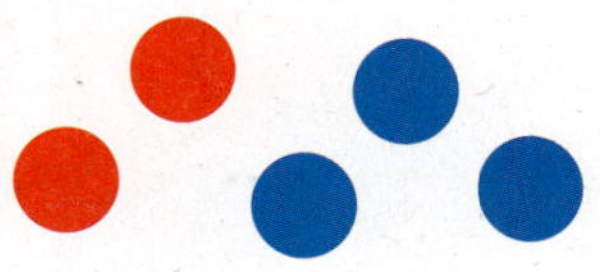

2 3

2 Immer 5

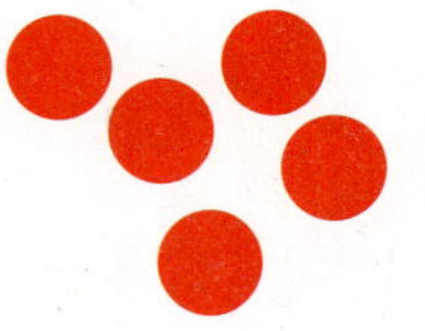

3 Plättchen werfen mit 5

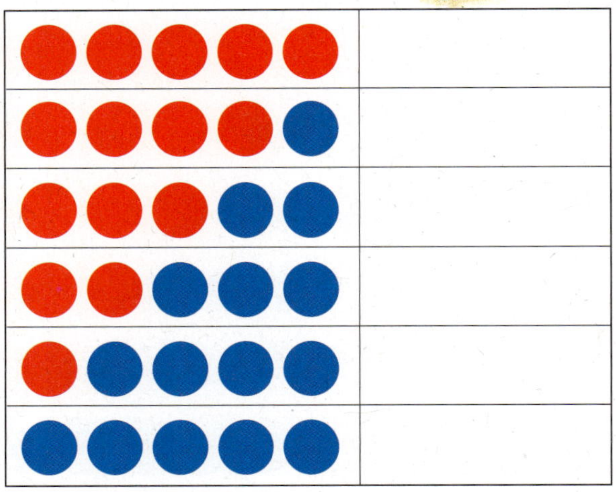

4 Mit 6

5 Mit 8

6 9 Plättchen. 4 davon sind blau.

7 9 Plättchen. 5 davon sind rot.

8 8 8

1, 2 Anzahlen notieren. **3 – 5** Plättchen werfen, nach rot und blau ordnen, Anzahlen erfassen, Ergebnisse in Strichliste festhalten (Kopiervorlage).
6, 7 Durch Legen mündlich lösen. **8** Ziffer 8 schreiben, Zahl 8 in der Umwelt ansprechen.
Seite 13

1 Wie zählst du?

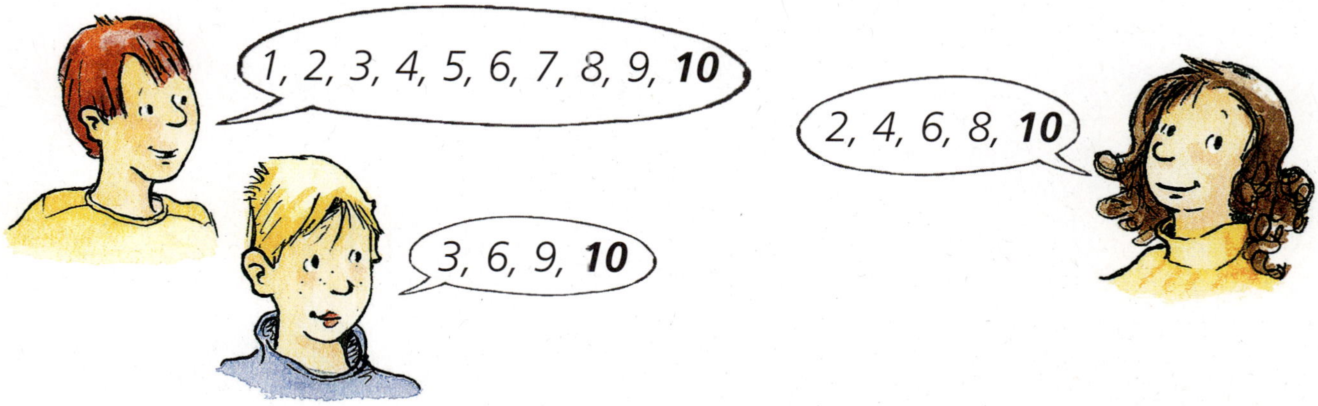

2 Zähle geschickt.

Blitzrechnen: Wie viele? .... **Übt so immer wieder**

Anzahl legen.

Anzahl nennen.

1 Unterschiedliche Zählstrategien besprechen. **2** Anzahlen strukturiert zählen.
Grundlegung „Wie viele?" besprechen. Kinder ermuntern, Anzahlen strukturiert zu legen. Im weiteren Unterricht regelmäßig üben und automatisieren.

Seite 14

Zählen mit Strichlisten

1

2

9 9

1 Tiere suchen, ausmalen, mit der Strichliste zählen. Kraft der Fünf benutzen.
2 Ziffer 9 schreiben. Zahl 9 in der Umwelt ansprechen.
Seite 15

Vor 1000 Jahren in Südamerika rechneten die Inkas mit Knotenschnüren.

1 Einfacher Knoten

1.

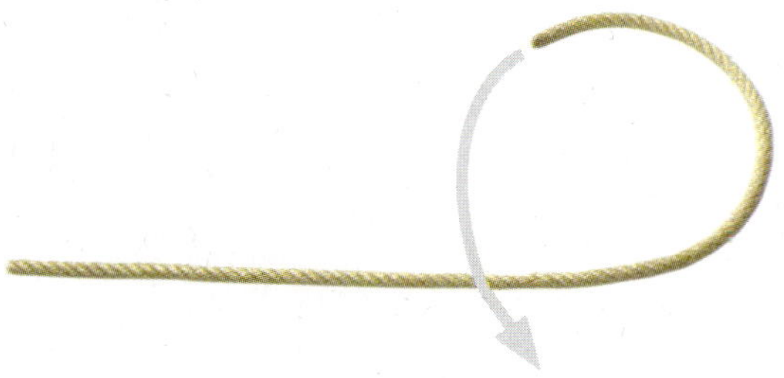

2.

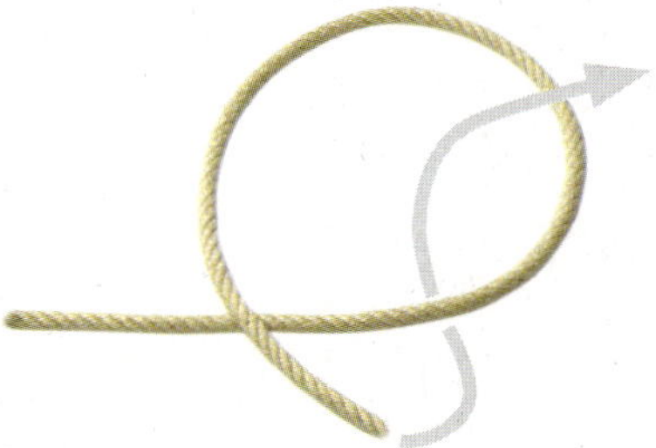

3.

4.

2

10								

Informationen über Inkas und Knotenschnüre geben. **1** Ersten nützlichen Knoten üben. Knotenschnüre unter Beachtung der „Kraft der Fünf" knüpfen. Mit verbundenen Augen „Knoten-Zahlen" fühlen. **2** Zahl 10 mit Ziffer 0 schreiben. Zahl 10 in der Umwelt ansprechen.

Seite 15

........Zahlen am Körper

1 Sag mir doch, wo hast du **eins**?
Eine Nase hab ich,
einen Mund dazu,
habe **einen** Kopf,
schau, den hast auch du.

Sag mir doch, wo hast du **zwei**?
Zum Hören **zwei** Ohren,
zum Schauen **zwei** Augen,
zum Schaffen **zwei** Arme,
zum Laufen **zwei** Beine,
zwei Füße dazu, genauso wie du.

Sag mir doch, wo hast du **fünf**?
Oh, das sag ich dir geschwind.
An jeder Hand **fünf** Finger sind,
an jedem Fuß **fünf** Zehen sind,
das weiß doch jedes kleine Kind.

2 Wie viele Beine?

6

....

....

....

....

38

1 Anzahlen 1, 2 und 5 am eigenen Körper entdecken.
2 Anzahlen an den Tierbildern (Ameise, Kohlmeise, Storch, Kuh, Spinne und Tausendfüßer) entdecken, selbst Zählbilder sammeln.

Zwei Fünfer sind Zehn

1

Zehn kleine Zappelmänner zappeln hin und her.
Zehn kleinen Zappelmännern fällt das gar nicht schwer.

Zehn kleine Zappelmänner zappeln auf und nieder.
Zehn kleine Zappelmänner tun das immer wieder.

Zehn kleine Zappelmänner zappeln rings herum.
Zehn kleine Zappelmänner, die sind gar nicht dumm.

Zehn kleine Zappelmänner spielen jetzt Versteck.
Zehn kleine Zappelmänner sind auf einmal weg.

2 Immer 10?

1 Evtl. Fingerpuppen basteln, Lied spielen.
2 Zehnerstruktur überprüfen.
Seite 16

Kraft der Fünf

1

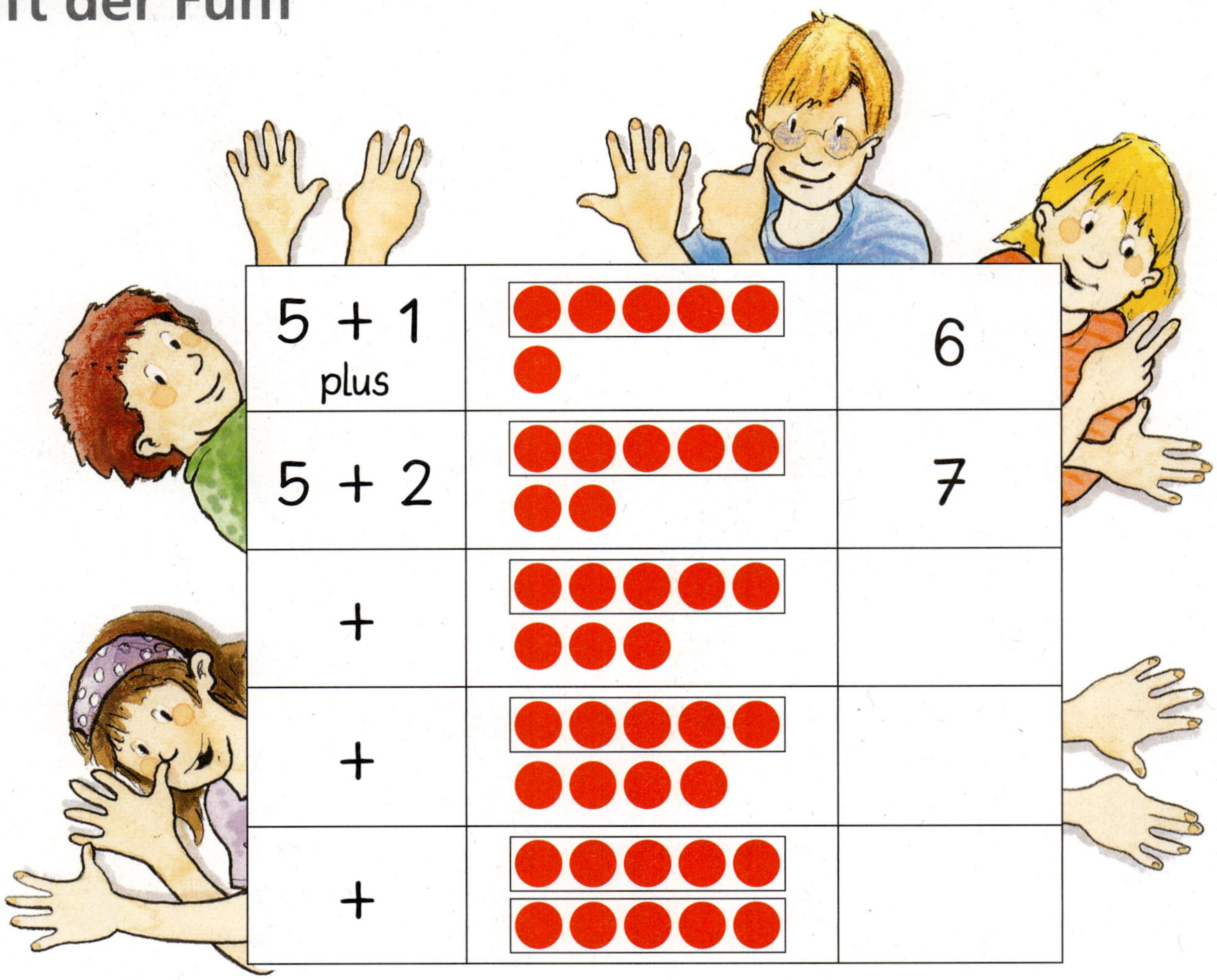

5 + 1 plus	●●●●● ●	6
5 + 2	●●●●● ●●	7
+	●●●●● ●●●	
+	●●●●● ●●●●	
+	●●●●● ●●●●●	

2

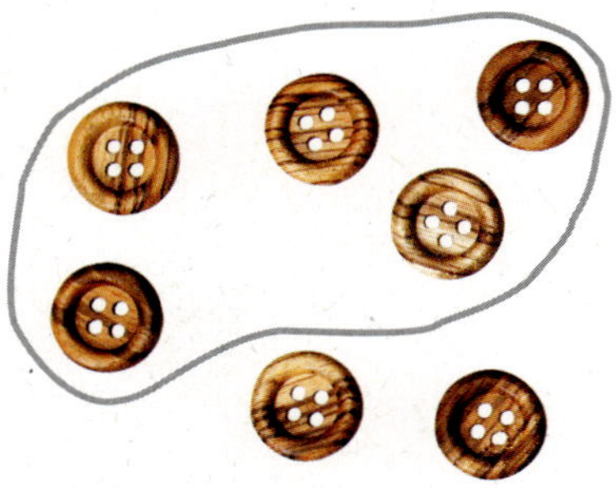

7 ....

....

....

....

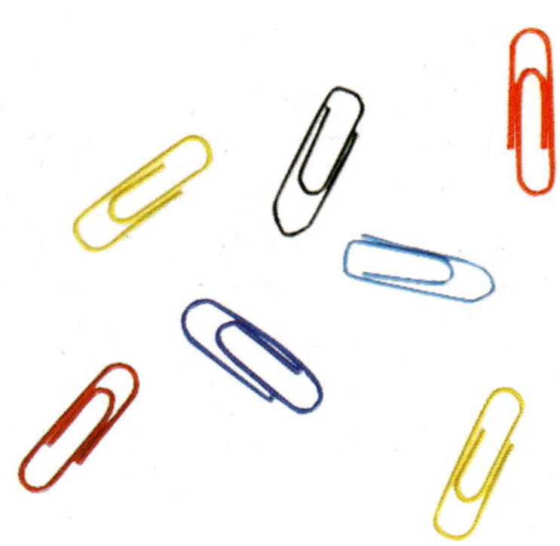

....

....

Mit Hilfe von Fünfern Mengen strukturieren und Anzahlen bestimmen.
1 Zur Notation das Pluszeichen einführen und verwenden.
2 Fünfer einkreisen und Anzahlen bestimmen.
Seite 16, 17

1 Immer 5 Euro.

2

9 Euro

.... Euro

.... Euro

.... Euro

.... Euro

.... Euro

3 Lege 6 Euro.

4 Lege 7 Euro.

5 Lege 8 Euro.

Erster Überblick über Eurobeträge bis 10 Euro. **1** Euro-Münzen und 5-Euro-Schein vorstellen, Eintritt verschieden legen. **2** Geldbeträge best mmen. **3 – 5** Weitere Eurobeträge legen. Evtl. Blitzrechenübung „Wie viel?“ mit Geld legen (vgl. Seite 19).
Seite 18

Zahlen von 11 bis 15

10 + 1	●●●●● ●●●●● ●	11
	●●●●● ●●●●● ●●	12
	●●●●● ●●●●● ●●●	13
	●●●●● ●●●●● ●●●●	14
	●●●●● ●●●●● ●●●●●	15

11 12 13 14 15

Geschichte von „Swimmy" vorlesen oder erzählen.
Mit Hilfe von Fünfern und Zehnern Mengen strukturieren, Anzahlen bestimmen.
Seite 19

	●●●●● ●●●●● ●●●●● ●	16
	●●●●● ●●●●● ●●●●● ●●	17
	●●●●● ●●●●● ●●●●● ●●●	18
	●●●●● ●●●●● ●●●●● ●●●●	19
10 + 10	●●●●● ●●●●● ●●●●● ●●●●●	20

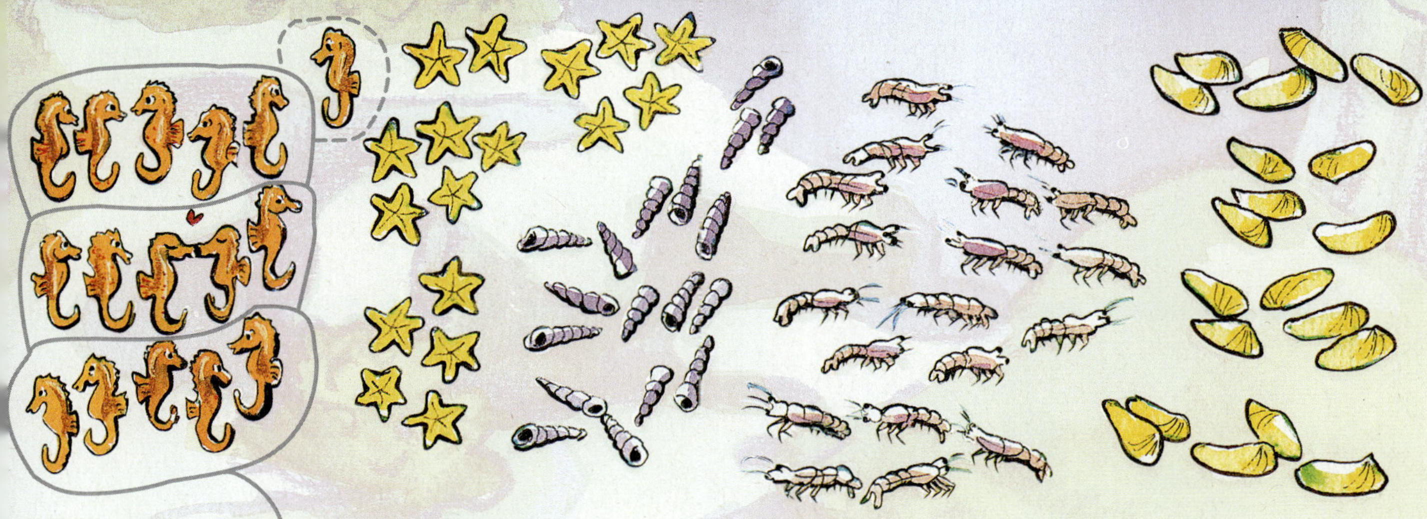

16 17 18 19 20

Zwanzigerreihe

1

2

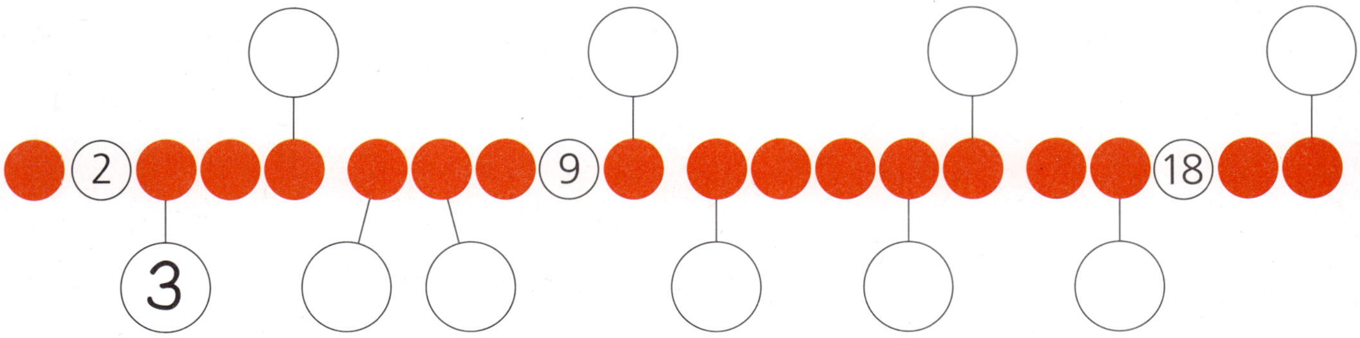

3 Verbinde.

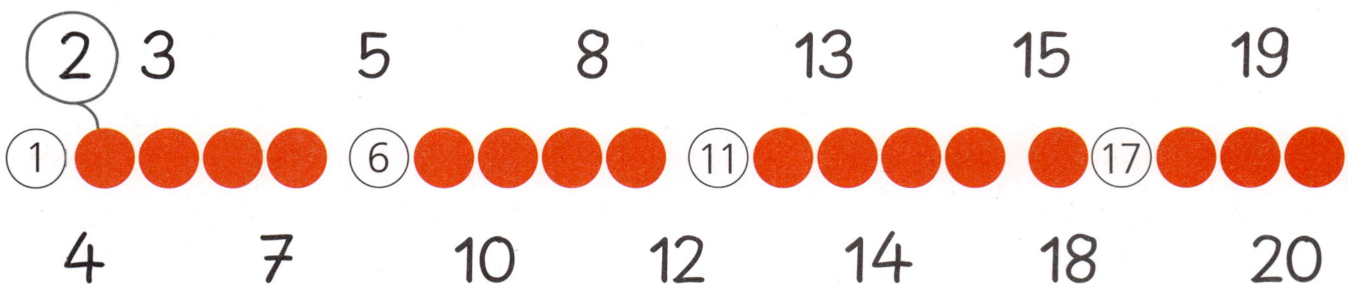

Blitzrechnen: Zahlenreihe .... Übt so immer wieder

Zahl zeigen.

Zahl nennen.

1 Verdeckte Zahlen der Zwanzigerreihe zeigen und benennen.
2 Verdeckte Zahlen aufschreiben. **3** Zahlen einkreisen, zuordnen.
⚡ Zur Grundlegung und zum Üben aufgeklappte Umschlagseite benutzen.
Im weiteren Unterricht regelmäßig üben und automatisieren.

1

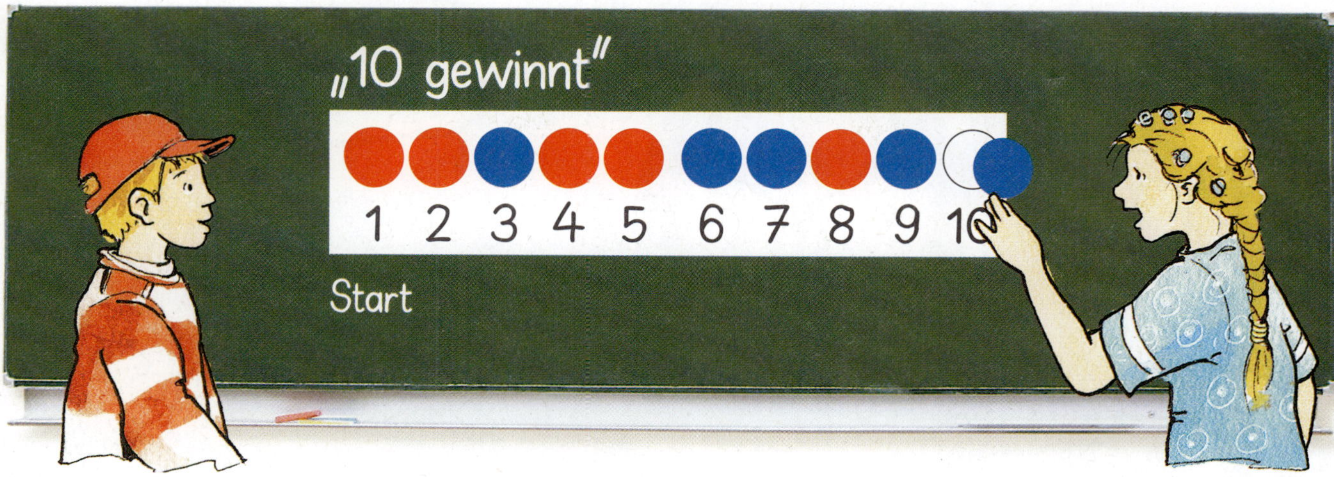

Start

1 2 3 4 5 6 7 8 9 10

2

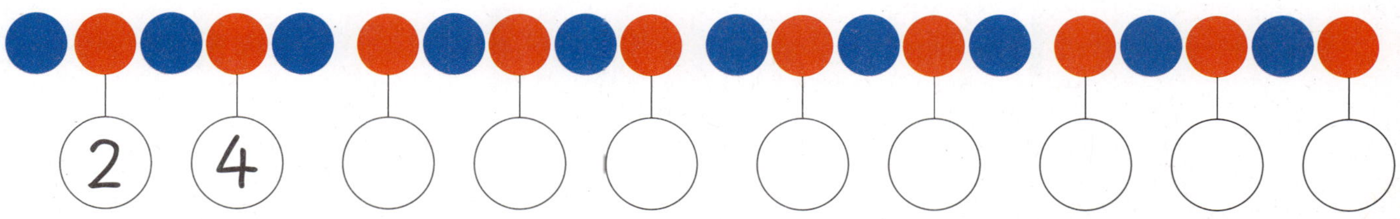

3

4

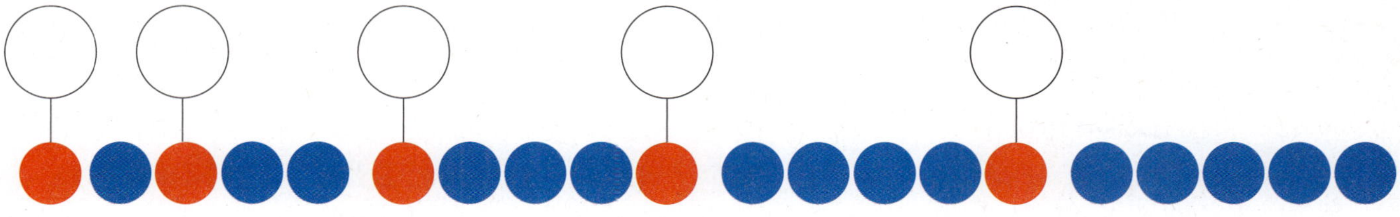

1 Partnerspiel: Start auf 1. Jeder Spieler (Rot oder Blau) darf immer nur 1 oder 2 Plättchen seiner Farbe legen. Wer die 10 legt, gewinnt. (Evtl. bis 20 spielen an Reihe auf hinterem Umschlag)
2 – 4 Muster auf Zwanzigerreihe nachlegen. Rote Zahlen nennen und als Zahlenfolge aufschreiben.
Seite 22

Zahlen in der Umwelt

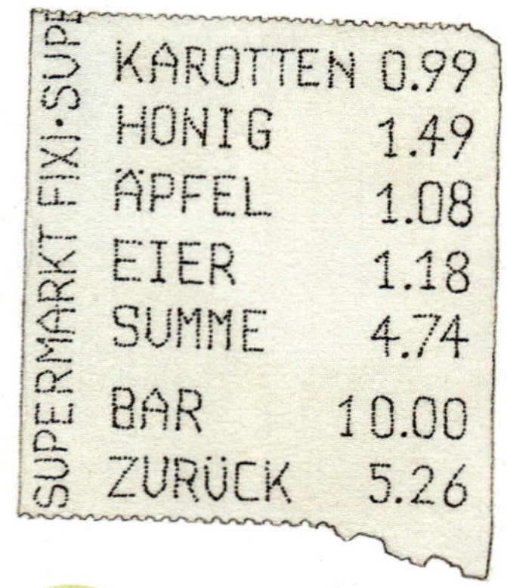

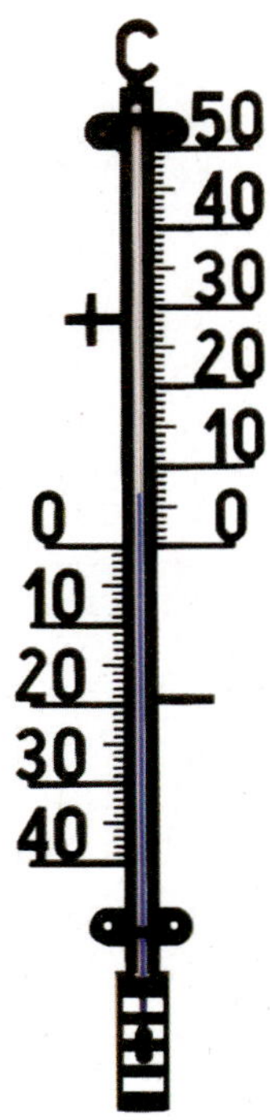

Suche selbst Zahlen.

Zahlen aus der Umwelt wieder erkennen, erzählen.
Selbst Bilder und Gegenstände mit Zahlen sammeln.
Seite 23

1 Zeichne.

2 Welcher Umriss passt? Verbinde.

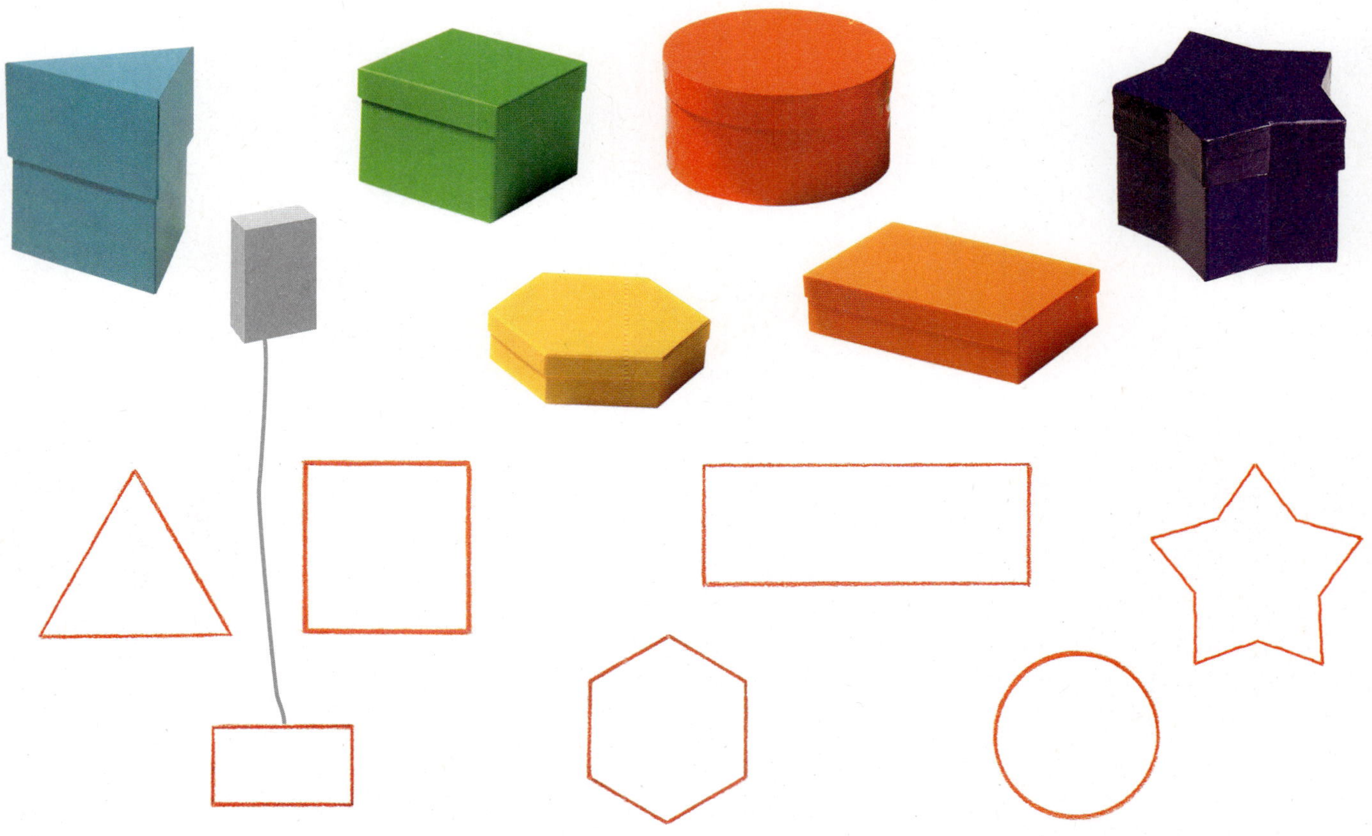

3 Beschreibe.

1 Von verschiedenen Gegenständen Umrisse herstellen.
2 Formen beschreiben, Umrisse zuordnen.
3 Formen benennen, Bedeutung klären.
Seite 24

Wendekarten

1

2

3 Lege nach. Setze fort.

4

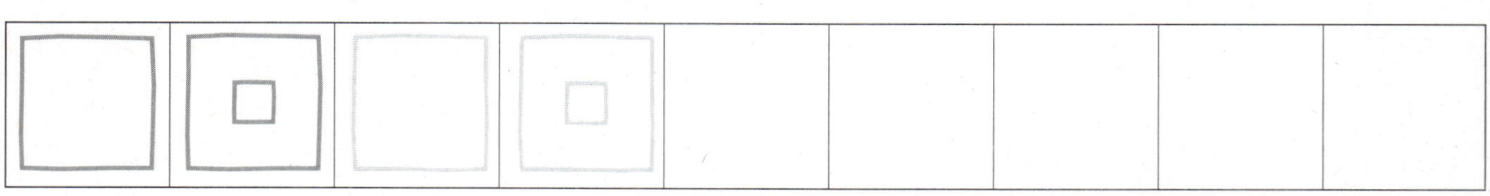

1 Wendekarten der Reihe nach legen und passend zuordnen.
2 Zusammengehörende Punkt- und Zahlkarten verbinden.
3 Wendekarten nachlegen, passend fortsetzen. 4 Muster fortsetzen.

Seite 25

1 „Immer 2 mehr." Lege.

0	2	4			1	3	5		
10	12				11	13			

2 „Immer 2 weniger." Lege.

20	18				19	17			
10	8				9	7			

3 „Immer 5 mehr." Lege Quartette.

2	7	12		1	6		
4				3			

Findest du weitere Quartette?

4

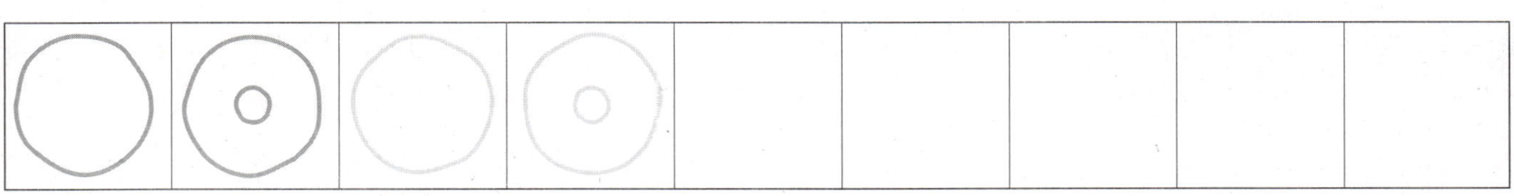

1, 2 Zahlenfolgen fortsetzen. Dekadische Analogien besprechen.
3 Immer vier passende Zahlen zusammenlegen (Quartett).
4 Muster fortsetzen.
Seite 25

Zerlegen

1 Zusammen immer 10

8 + 2 ....

6 + ...

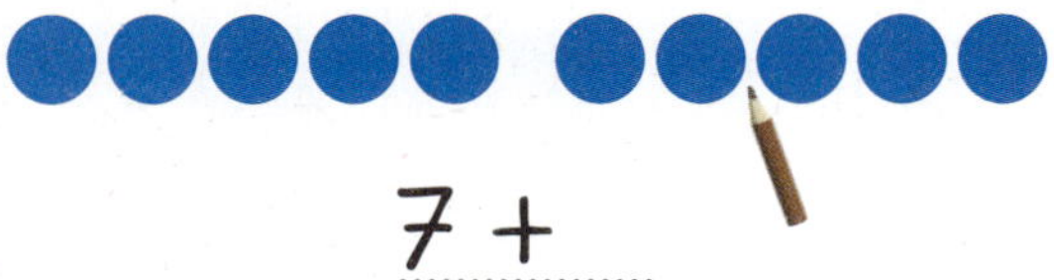

7 + ...

9 + ...

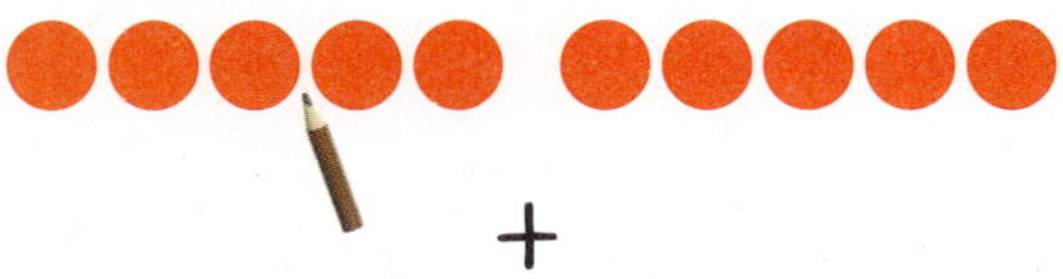

.... + ...

.... + ...

2 Zusammen immer 7

5 + ...

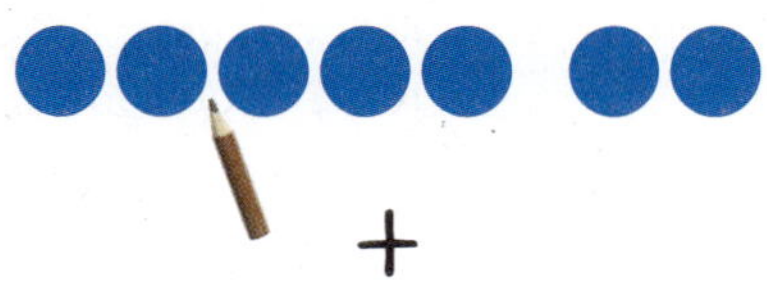

.... + ...

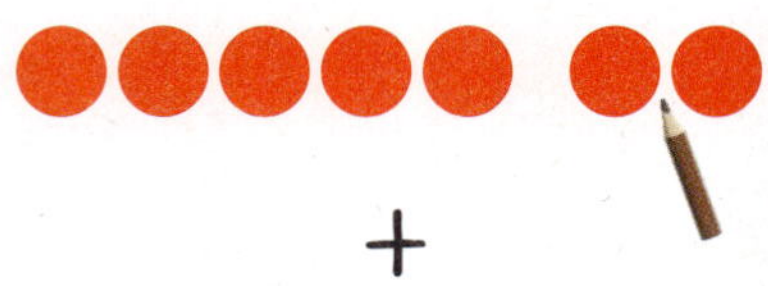

.... + ...

Wie kannst du 7 noch zerlegen?

3 Zerlege auch 6.

4 Zerlege auch 8.

5 Zerlege auch 9.

Blitzrechnen: Zerlegen .... Übt so immer wieder

Reihe zerlegen.

Plusaufgabe nennen.

1, 2 Zahlzerlegungen notieren. **3 – 5** In Partnerarbeit lösen. Evtl. Zerlegungen im Heft notieren.
Zur Grundlegung und zum Üben aufgeklappte Umschlagseite verwenden. Im Unterricht regelmäßig (an verschiedenen Reihen) üben und automatisieren.
Seite 26

1

4	6
7	

10
4 + 6
7 +
+
+
+
+
+
+
+
+
+

2 Lege geordnet.

5
5 + 0
+
+
+
+
+

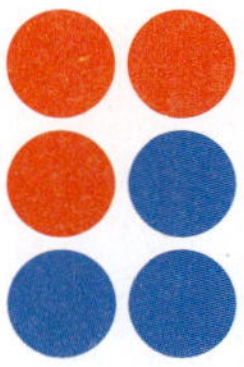

2
2 + 0
+
+

3 Lege.

3
+
+
+
+

4
+
+
+
+
+

6
+
+
+
+
+
+
+

7
+
+
+
+
+
+
+
+

1 Beleuchtete und unbeleuchtete Fenster zählen, entsprechende Zerlegungen im Zahlenhaus notieren.
2, 3 Systematisch zerlegen und aufschreiben.
Seite 27

Zwanzigerfeld

1 Welche Zahl?

2 Lege Zahlen am Zwanzigerfeld.

3 Immer 10

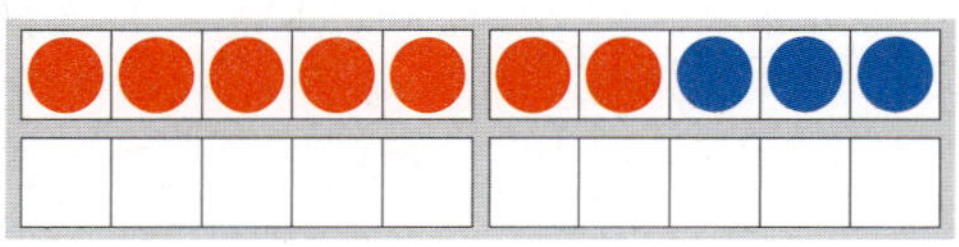

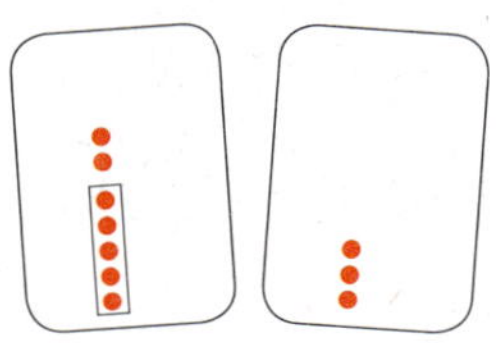

7 + 3

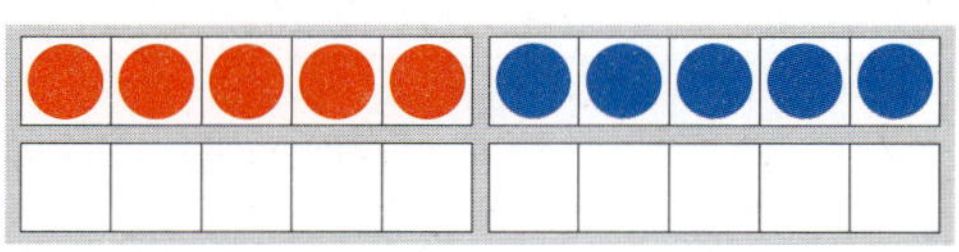

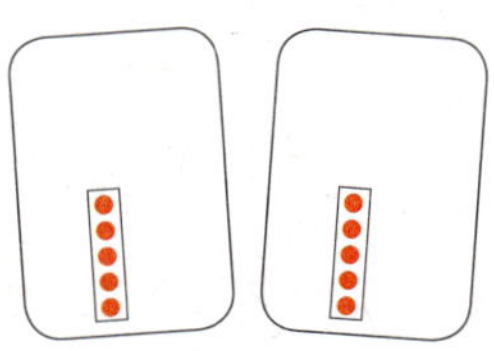

...... + ...

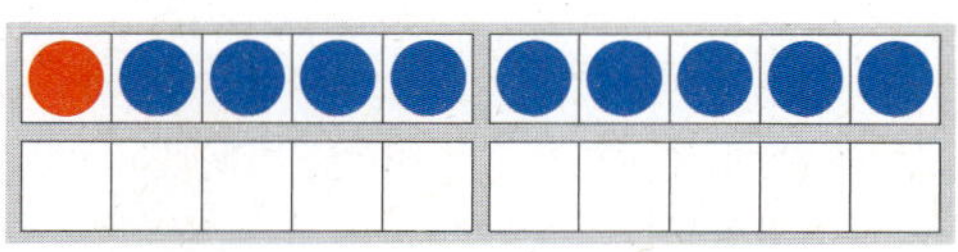

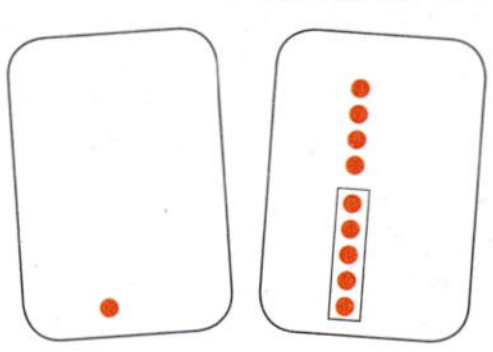

...... + ...

Immer 20

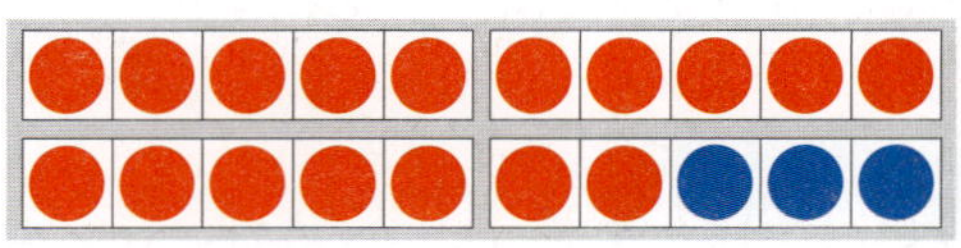

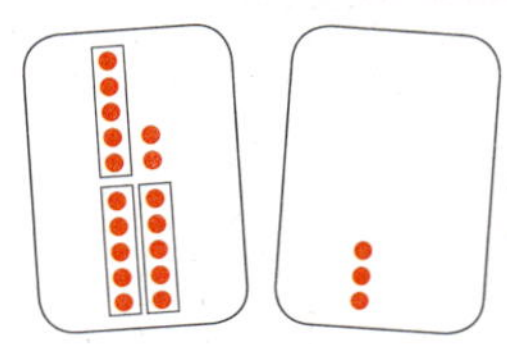

17 + 3

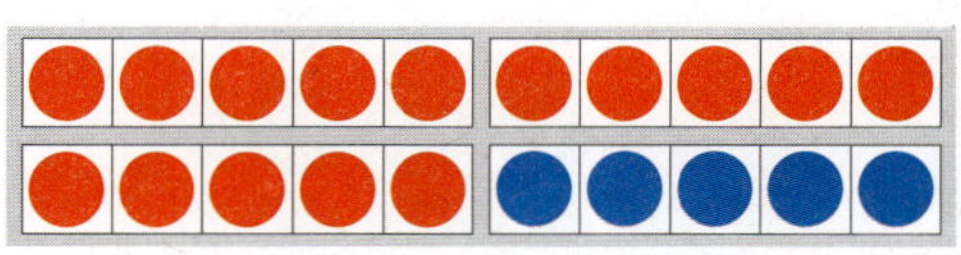

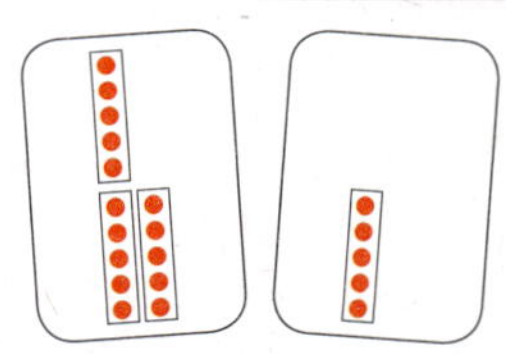

...... + ...

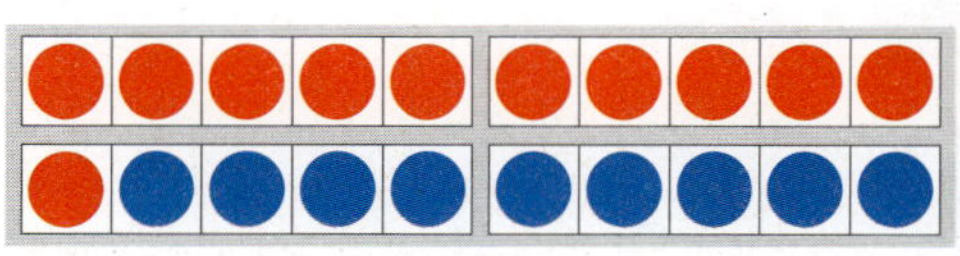

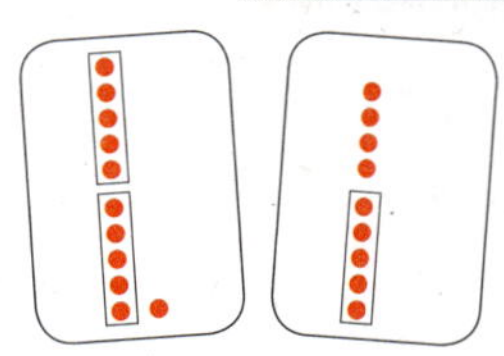

...... + ...

4 Legt ebenso: Immer 10, Immer 20.

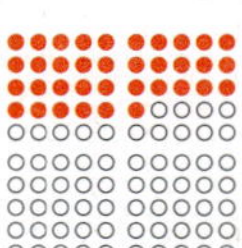

1, 2 Zahlen am Zwanzigerfeld legen. Besprechen, wie gelegt wurde (Rechenkonferenz).
3 Zu den Zerlegungen von 10 und 20 Aufgaben schreiben, Zehneranalogie besprechen.
4 Weitere Zerlegungen finden, am Feld und mit Wendekarten legen.
Seite 28

1 Zuerst haben Babys keine Zähne.
Dann wächst Zahn nach Zahn:
Unten, oben, links, rechts.
Das volle Milchgebiss hat 20 Zähne,
in jeder Kieferhälfte 5.
Etwa zu Beginn der Schulzeit fallen die
Milchzähne aus und neue Zähne wachsen.
Erwachsene haben 12 Zähne mehr als Kinder.

Vergleiche mit dem Zwanzigerfeld.

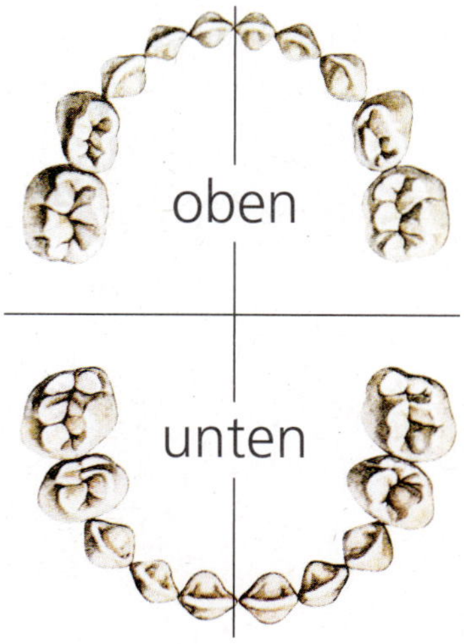

2 Wie viele Zähne?

3 Wie viele Zähne hast du?

Blitzrechnen: Immer 20 .... **Übt so immer wieder**

Zahl zwischen 11 und 20 zeigen und nennen.

Bis 20 ergänzen.

1 Sachtext vorlesen, Aufbau des Milchgebisses besprechen („Zwanzigerfeld im Mund").
2, 3 Anzahl der Zähne bestimmen, evtl. am Zwanzigerfeld nachlegen.
⚡ Zur Grundlegung und zum Üben aufgeklappte Umschlagseite benutzen. Analog „Immer 10" üben.

Der Reihe nach

1

1.	2.	3.				

2

	2.					

3

4

1.		3.					8.								16.				

1 – 4 Situationen nachspielen und besprechen, Ordnungszahlen eintragen.
Seite 29

1

4. 1.

1.

2 Jedes an seinen Platz. Ordne.

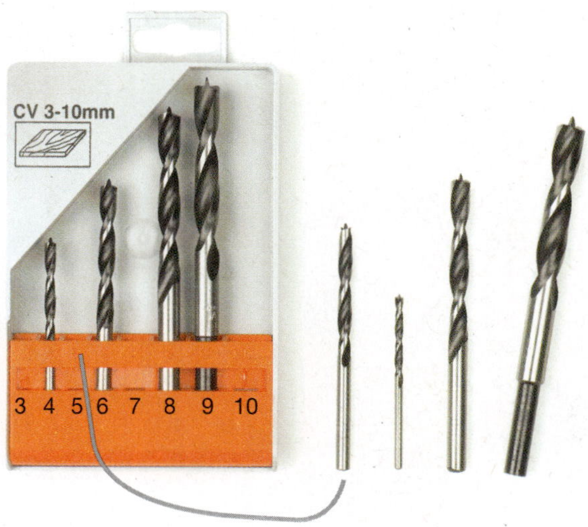

3 Welche Schachtel passt?

1 – 3 Situationen beschreiben, dabei Begriffe „größer, gleich groß, kleiner" benutzen.
1 Situationen nachbauen, Ordnungszahlen eintragen. **2** Gewichte und Bohrer dem passenden Platz zuordnen. **3** Birnen und Schachteln passender Größe verbinden.
Seite 29

........Längen messen

Längen mit Körpermaßen (Fuß, Schritt, Fingerspanne, Armspanne) ungefähr ausmessen.
Meterstäbe und Knotenschnüre (Knoten in 1 m Abstand) herstellen und Längen ungefähr ausmessen.
Notwendigkeit normierter Maße besprechen.

1 Immer 20 Euro. Lege.

2

18 Euro

.... Euro

.... Euro

.... Euro

.... Euro

.... Euro

3 Lege 11 Euro. **4** Lege 17 Euro. **5** Lege 19 Euro.

Überblick über Eurobeträge bis 20 Euro. 10-Euro- und 20-Euro-Schein vorstellen.
1 Eintritt mit 1, 2, 5, 10 und 20 Euro legen. **2** Geldbeträge bestimmen.
3 – 5 Weitere Eurobeträge legen. Evtl. Blitzrechenübung „Immer 20" mit Geld legen.
Seite 30

Was der Spiegel alles kann!

1 Mache ganz.

2 Viele Stücke – wenige Stücke.

3 Regen und Sonnenschein.

4 Klein und groß, viel und wenig.

5

1 – 5 Mit dem Spiegel probieren und Bilder verändern
(mehr – weniger, größer – kleiner, kürzer – länger, traurig – fröhlich).
Nicht benutzte Motive evtl. mit Papier abdecken.

1

2

3

4

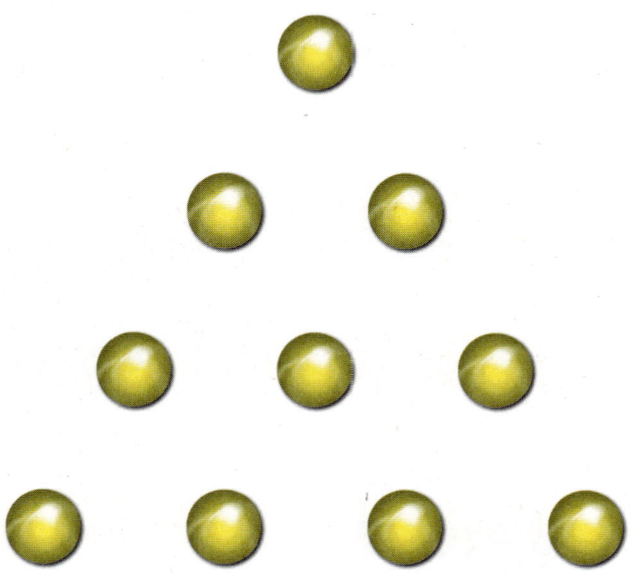

1 – 4 Mit dem Spiegel Punktmuster mit möglichst vielen verschiedenen Anzahlen herstellen. Nicht benutzte Motive evtl. mit Papier abdecken.

Verdoppeln

1

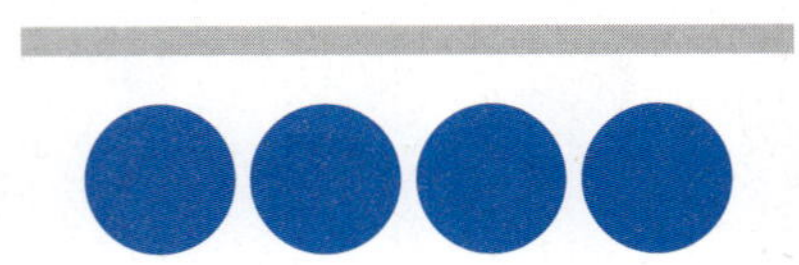

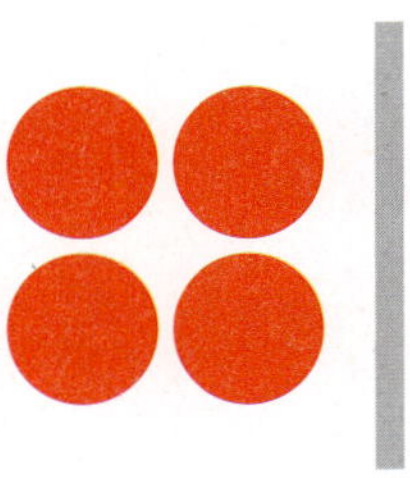

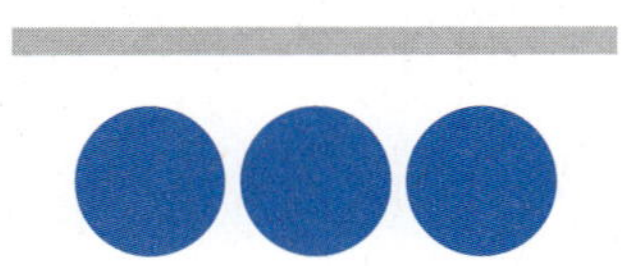

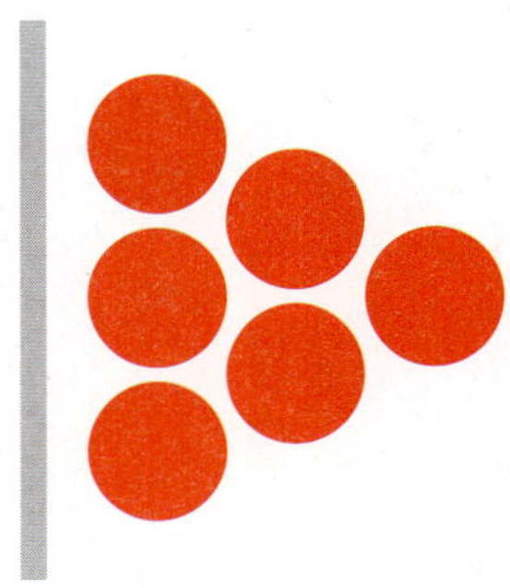

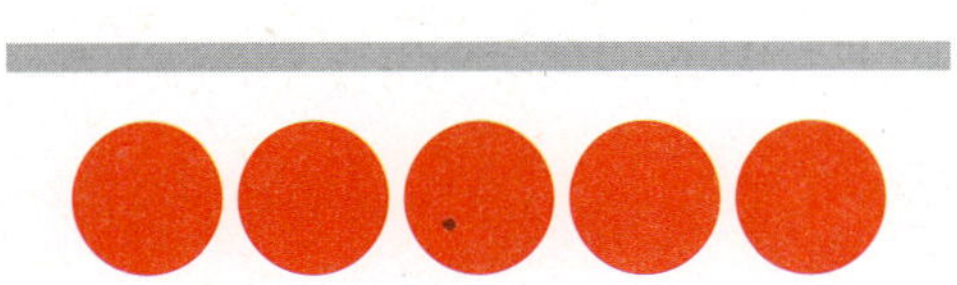

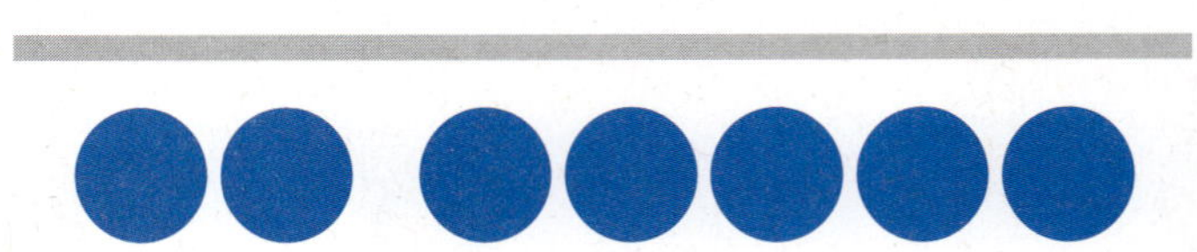

2 Aus  mache .

1 Muster an der Spiegelachse spiegeln, mündlich jeweils Anzahl und das Doppelte bestimmen. Sprechweise „1 plus 1 gleich 2" einführen.
2 Den Spiegel benutzen.
Seite 31

1

+ =

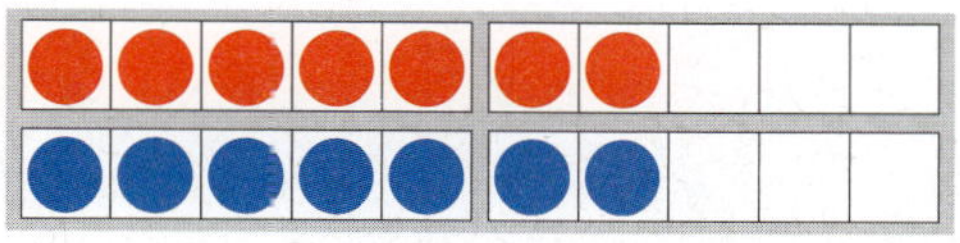

7 + 7 = 14

7 plus 7 ist gleich 14

+ =

2 Lege, rechne und vergleiche.

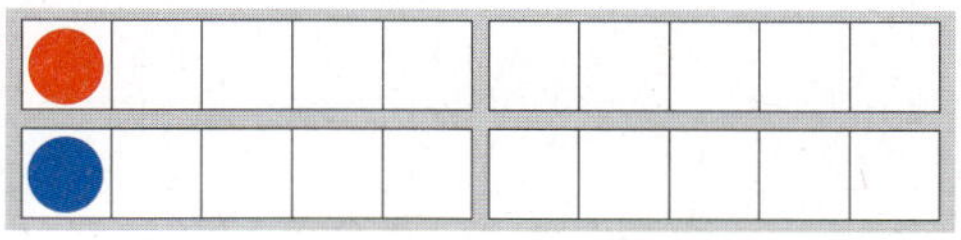

1 + 1 = ……

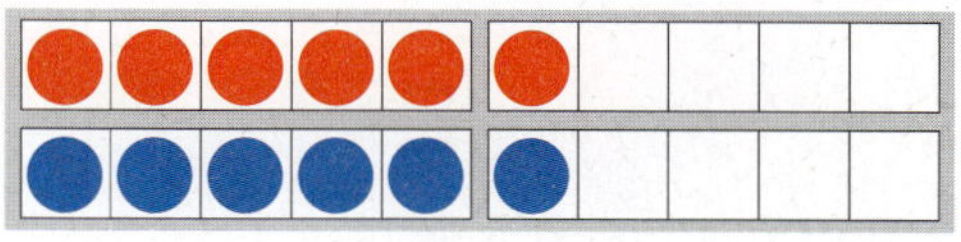

6 + 6 = ……

2 + 2 = ……   3 + 3 = ……   4 + 4 = ……   5 + 5 = ……

7 + 7 = ……   8 + 8 = ……   9 + 9 = ……   10 + 10 = ……

3 Sascha hat 8 Bücher. Lea hat doppelt so viele.

Blitzrechnen: Verdoppeln …… Übt so immer wieder

Rote Zahl zeigen und nennen.

Verdoppeln.

1 Verdopplungsaufgaben mit Plättchen nachlegen und rechnen. Gleichheitszeichen besprechen.
2 Aufgaben legen und rechnen. Fünfertrick besprechen: 6 + 6 = (5 + 5) + (1 + 1).
Zur Grundlegung und zum Üben aufgeklappte Umschlagseite benutzen.
Seite 31

Plusaufgaben

5 + 4 = ...

1 + 1 = ...

2 + 2 = ...

3 + 6 = ...

5 + 3 = ...

2 + 3 = ...

Zu Sachsituationen erzählen, Plusaufgaben ausrechnen.

Seite 32

1 Finde Plusaufgaben.

6 + 3 = ...

\+ = ...

\+ = ...

\+ = ...

\+ = ...

\+ = ...

2

4 + 4 = ...	1 + 2 = ...	5 + 3 = ...	4 + 1 = ...	7 + 3 = ...
5 + 4 = ...	2 + 2 = ...	5 + 5 = ...	4 + 2 = ...	6 + 4 = ...

3 Finde eigene Plusaufgaben.

1 Zu den Bildern erzählen, Plusaufgaben finden, ausrechnen. Eigene Bilder sammeln.
2 Plusaufgaben rechnen.
3 Eigene Aufgaben ins Heft schreiben und rechnen.
Seite 32

Rechenwege

1 **8 + 7 = ...**

Wie rechnen die Kinder?
Welche einfachen Aufgaben benutzen sie?

2 Wie rechnen die Kinder? 9 + 6 = ...

Mia:

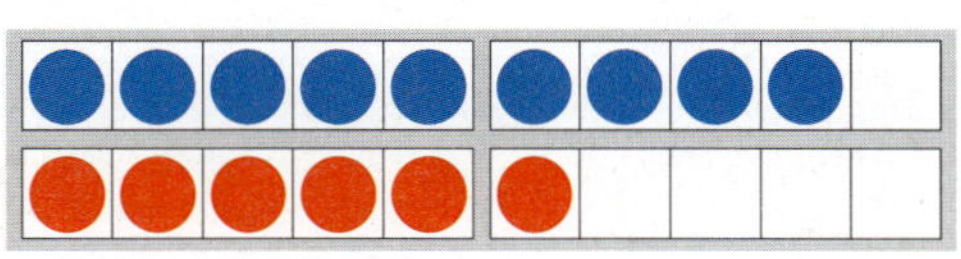

Ulf:

Jan:

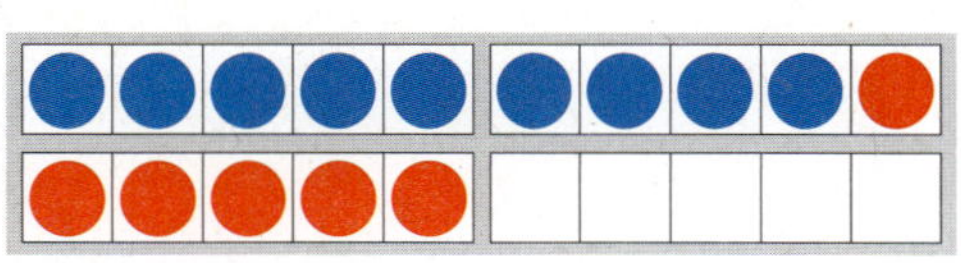

Lara rechnet: 10 + 5 = ...

3 Wie rechnest du?

9 + 7 = ... 6 + 9 = ... 8 + 5 = ... 8 + 6 = ...

1 Verschiedene Rechenwege besprechen (Rechenkonferenz). Auf Fünfertrick 5 + 5 = 10 hinweisen.
2 Aufgabe rechnen. Lösungswege gemeinsam besprechen.
3 Aufgaben mit eigenem Rechenweg lösen.
Seite 33

1

3 + 1 = ...

3 + 4 = ...

2 + 2 + 1 = ...

2

1 + 1 = ...
5 + 1 = ...
8 + 1 = ...
13 + 1 = ...
19 + 1 = ...

10 + 2 = ...
10 + 5 = ...
10 + 4 = ...
10 + 8 = ...
10 + 10 = ...

3

1 + 2 = ...
2 + 3 = ...
3 + 4 = ...
4 + 5 = ...
5 + 4 = ...

4 + 4 = ...
4 + 3 = ...
2 + 4 = ...
4 + 1 = ...
4 + 0 = ...

4 Rechne im Heft.

3 + 2
4 + 1
2 + 3
1 + 4
0 + 5

3	+	2	=	5
4	+	1	=	
2	+	3	=	

5 Rechne im Heft.

8 + 2	5 + 4	7 + 1
9 + 1	5 + 1	7 + 2
7 + 3	5 + 3	6 + 2
6 + 4	5 + 5	6 + 3
5 + 5	5 + 2	6 + 1

Blitzrechnen: Plusaufgaben .... **Übt so immer wieder**

Plusaufgabe legen.

Plusaufgabe rechnen.

1 – 5 Einfache Plusaufgaben als Vorbereitung für schwere rechnen.
4, 5 Stellengerechte Schreibweise und saubere Heftführung besprechen.
Zur Grundlegung und zum Üben aufgeklappte Umschlagseite benutzen.
Seite 33

Von einfachen zu schweren Aufgaben

1 Aus 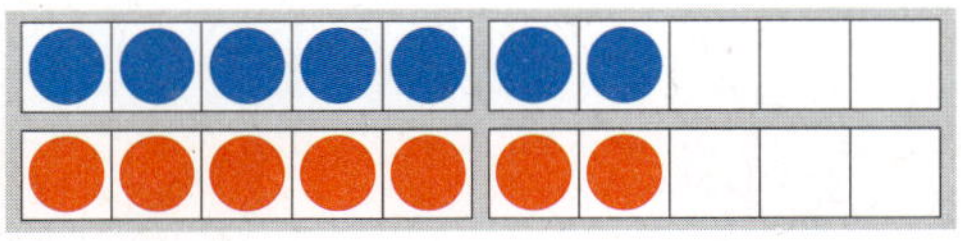 mache 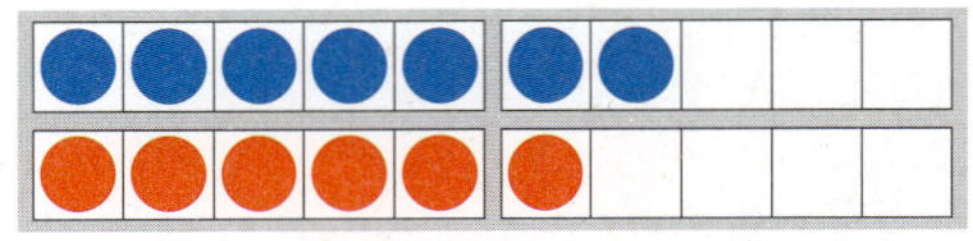

7 + 7 = ... 7 + 6 = ...

2 Aus 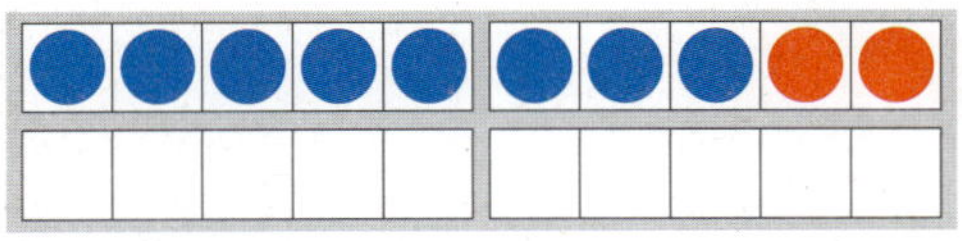 mache 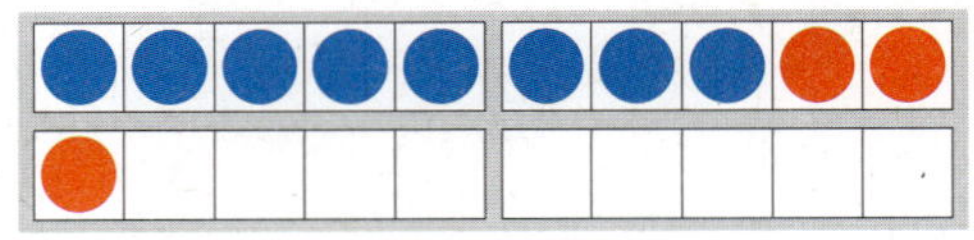

8 + 2 = ... 8 + 3 = ...

3 Aus 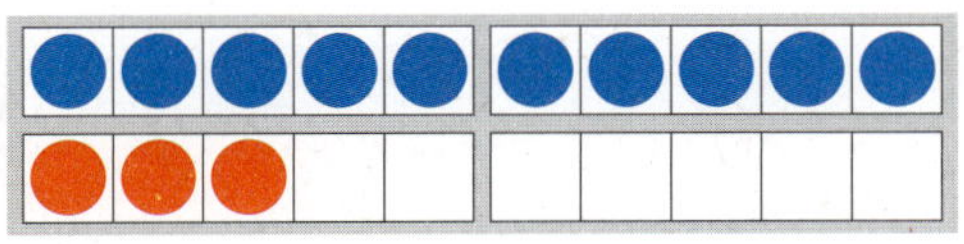 mache 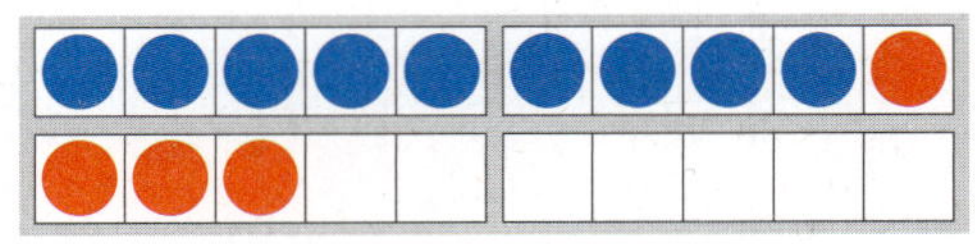

10 + 3 = ... 9 + 4 = ...

4 Lege, rechne, vergleiche.

3 + 3 = ...	6 + 4 = ...
4 + 3 = ...	6 + 3 = ...
4 + 4 = ...	7 + 2 = ...
5 + 4 = ...	7 + 3 = ...
5 + 5 = ...	7 + 4 = ...

5 Rechne ebenso.

6 + 6 = ...	4 + 1 = ...
7 + 5 = ...	4 + 2 = ...
8 + 5 = ...	3 + 3 = ...
8 + 6 = ...	3 + 2 = ...
7 + 7 = ...	2 + 2 = ...

6 Schöne Päckchen.

5 + 1 = ...	1 + 9 = ...
5 + 2 = ...	2 + 8 = ...
5 + 3 = ...	3 + 7 = ...
5 + 4 = ...	4 + 6 = ...
5 + 5 = ...	5 + 5 = ...

7 Schöne Päckchen?

6 + 4 = ...	2 + 1 = ...
5 + 4 = ...	4 + 3 = ...
4 + 4 = ...	6 + 5 = ...
3 + 4 = ...	8 + 6 = ...
1 + 4 = ...	10 + 9 = ...

8

3 + 2	5 + 4	6 + 2
13 + 2	15 + 4	6 + 12

9

5 + 5 + 1	6 + 7	8 + 8 + 1
5 + 6	6 + 6 + 1	8 + 9

1 – 3 Die erste Aufgabe jeweils mit Plättchen legen und durch Hinzufügen, Wegnehmen oder Wenden eines Plättchens abwandeln. **4, 5** Beziehungen zwischen den Aufgaben besprechen. **6, 7** Muster besprechen und in **7** Störungen „reparieren". **8** Zehneranalogien **9** Nachbaraufgaben

Seite 34

1

2 + 3 = ...	3 + 2 = ...

2 Welche Aufgabe findest du leichter?

6 + 5 = ...	6 + 4 = ...	1 + 19 = ...	10 + 3 = ...
5 + 6 = ...	4 + 6 = ...	19 + 1 = ...	3 + 10 = ...
8 + 7 = ...	7 + 6 = ...	5 + 15 = ...	2 + 8 = ...
7 + 8 = ...	6 + 7 = ...	15 + 5 = ...	8 + 2 = ...

3 Tauschaufgaben haben immer das gleiche Ergebnis. Warum?

4 Rechne die Aufgabe oder die Tauschaufgabe.

5 + 3 = ...	10 + 3 = ...	1 + 12 = ...	4 + 16 = ...
3 + 8 = ...	5 + 9 = ...	2 + 13 = ...	15 + 3 = ...
3 + 11 = ...	11 + 3 = ...	3 + 14 = ...	14 + 2 = ...

5 Schöne Päckchen.

1 + 1	10 + 6	9 + 3
2 + 1	9 + 7	4 + 10
2 + 2	8 + 8	11 + 5
3 + 2	7 + 9	6 + 12
3 + 3	6 + 10	13 + 7

6 Schöne Päckchen?

3 + 6	7 + 10	3 + 12
5 + 5	6 + 9	6 + 10
7 + 4	5 + 8	9 + 6
9 + 2	4 + 7	12 + 3
11 + 2	3 + 7	15 + 0

1, 2 Tauschaufgaben **3** Die Anzahl ist unabhängig von der Anordnung der Plättchen.
4 Rechenvorteil bei Tauschaufgaben besprechen.
5, 6 Muster der Aufgaben und der Ergebnisse besprechen und ggf. Störung „reparieren".
Seite 35

........Minusaufgaben

9 − 3 = 6
9 minus 3 ist gleich 6

Zu Sachsituationen erzählen, Minusaufgaben beschreiben und ausrechnen.
Seite 36

1 Finde Minusaufgaben.

12 − .... = ...

8 − .... = ...

5 − .... = ...

6 − .... = ...

9 − .... = ...

9 − .... = ...

7 − .... = ...

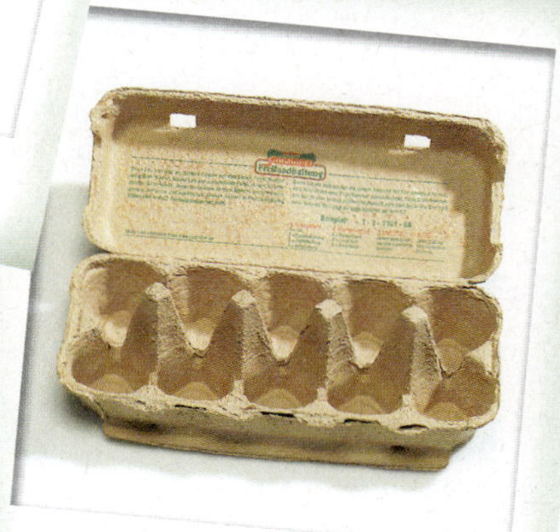

10 − .... = ...

2

5 − 2 = ...	7 − 4 = ...	7 − 1 = ...	4 − 2 = ...	6 − 3 = ...
6 − 2 = ...	8 − 3 = ...	7 − 6 = ...	4 − 3 = ...	6 − 4 = ...

3 Finde eigene Minusaufgaben.

1 Zu den Bildern erzählen, Minusaufgaben ausrechnen. Eigene Bilder sammeln.
2 Minusaufgaben rechnen.
3 Eigene Aufgaben ins Heft schreiben und rechnen.
Seite 37

Minusaufgaben legen

1 Lege Plättchen.

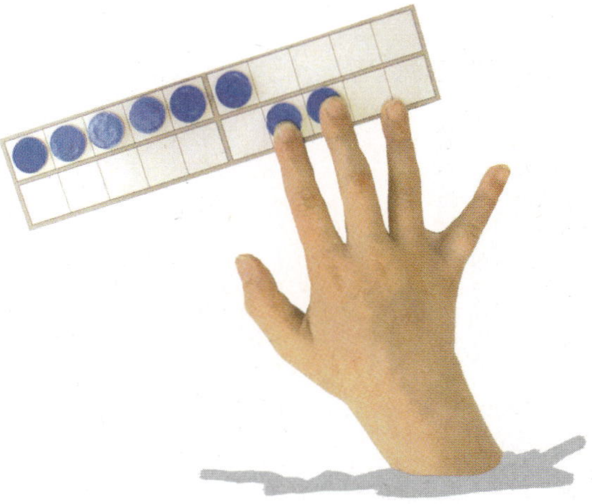

Lege 8, nimm 2 weg. 8 – 2 = 6
Lege 8, nimm 3 weg. 8 – 3 = ……
Lege 8, nimm 5 weg. 8 – 5 = ……
Lege 8, nimm 4 weg. 8 – 4 = ……
Lege 8, nimm 8 weg. 8 – 8 = ……

2 Lege, nimm weg.

9 – 2 = ……	12 – 2 = ……
9 – 4 = ……	12 – 4 = ……
9 – 5 = ……	12 – 6 = ……
9 – 6 = ……	12 – 8 = ……
9 – 9 = ……	12 – 10 = ……

3 Lege, nimm weg.

20 – 2 = ……	5 – 3 = ……
20 – 5 = ……	6 – 4 = ……
20 – 10 = ……	6 – 1 = ……
20 – 15 = ……	7 – 2 = ……
20 – 20 = ……	8 – 3 = ……

4 10 Birnen. Anja isst 2 Birnen.

5 5 Bananen. Der Affe frisst 3 Bananen.

1 – 3 Minusaufgaben mit Plättchen legen und rechnen.
4, 5 Aufgaben evtl. mit Plättchen nachlegen und handelnd lösen.
Seite 38

1

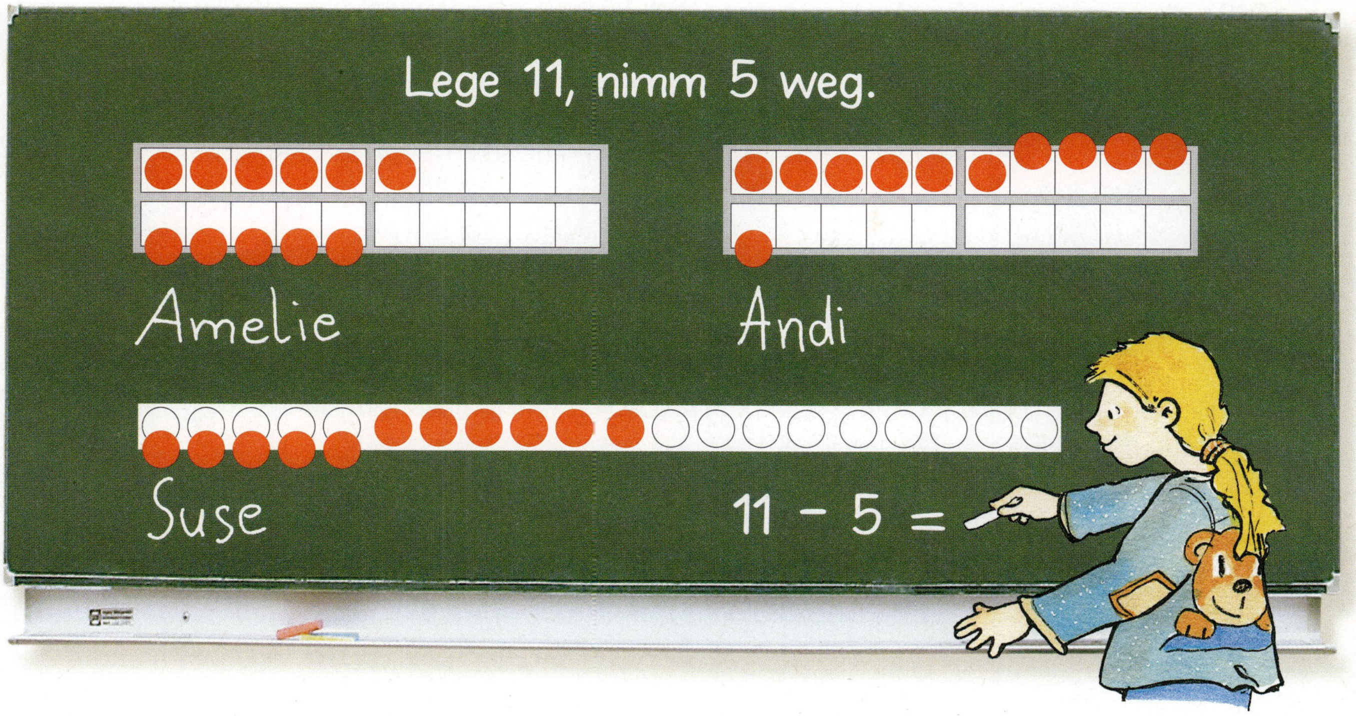

2 Wie legst du?

12 − 8 = ...
13 − 8 = ...
14 − 8 = ...
15 − 8 = ...
16 − 8 = ...

13 − 4 = ...
12 − 4 = ...
12 − 3 = ...
11 − 3 = ...
10 − 3 = ...

3 Rechne im Heft.

15 − 9
15 − 10
15 − 11
15 − 12
15 − 13

15 − 9 =
15 − 10 =
15 − 11 =

4 Schöne Päckchen. Setze fort.

10 − 1 = ...
10 − 2 = ...
10 − 3 = ...
10 − 4 = ...
...... − ...... = ...

10 − 9 = ...
10 − 8 = ...
10 − 7 = ...
10 − 6 = ...
...... − ...... = ...

5 Rechne im Heft. Setze fort.

10 − 5	12 − 5	10 − 1
11 − 6	13 − 5	11 − 2
12 − 7	14 − 5	12 − 3
13 − 8	15 − 5	13 − 4
⋮	⋮	⋮

6 9 Kinder spielen. 3 davon sind Mädchen.

7 Evi hat . Evi kauft .

1 Verschiedene Legemöglichkeiten besprechen (Rechenkonferenz).
2, 3 Aufgaben rechnen, bei Bedarf legen, Lösungswege gemeinsam besprechen.
4, 5 Muster besprechen und fortsetzen. **6, 7** Mit Plättchen nachlegen und handelnd lösen.
Seite 39

Einfache Minusaufgaben

1

6 – 1 = ...   10 – 3 = ...   12 – 2 = ...

2 Lege. Rechne im Heft.

11 – 1	15 – 10	12 – 10
11 – 10	15 – 1	14 – 10
14 – 4	5 – 1	12 – 2
20 – 10	13 – 2	14 – 4
14 – 3	15 – 2	20 – 10

3 Schöne Päckchen. Setze fort.

3 – 2	7 – 1	5 – 3
5 – 3	8 – 2	6 – 4
7 – 4	9 – 3	7 – 5
9 – 5	10 – 4	8 – 6
⋮	⋮	⋮

4

9 – 5	3 – 3	10 – 3
9 – 4	13 – 3	10 – 5
8 – 5	14 – 2	10 – 6
8 – 3	14 – 3	10 – 7
7 – 3	12 – 1	10 – 9

5

19 – 10	12 – 3	8 – 0
17 – 10	13 – 4	5 – 0
15 – 5	14 – 5	10 – 0
13 – 10	16 – 5	10 – 10
17 – 7	17 – 6	11 – 11

Blitzrechnen: Minusaufgaben .... Übt so immer wieder

Minusaufgaben legen.

Minusaufgaben rechnen.

1 – 5 Einfache Minusaufgaben rechnen. Bei Bedarf mit Plättchen legen.
3 Muster besprechen und fortsetzen.
Zur Grundlegung und zum Üben aufgeklappte Umschlagseite benutzen.
Seite 39

Von einfachen zu schweren Aufgaben

1

Aus 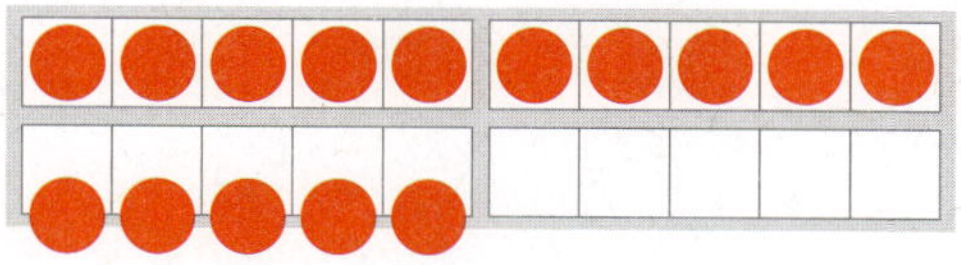 mache 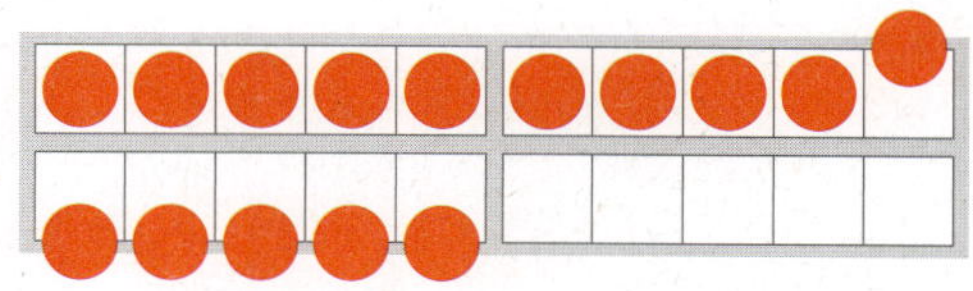

15 − 5 = ... 15 − 6 = ...

2

Aus 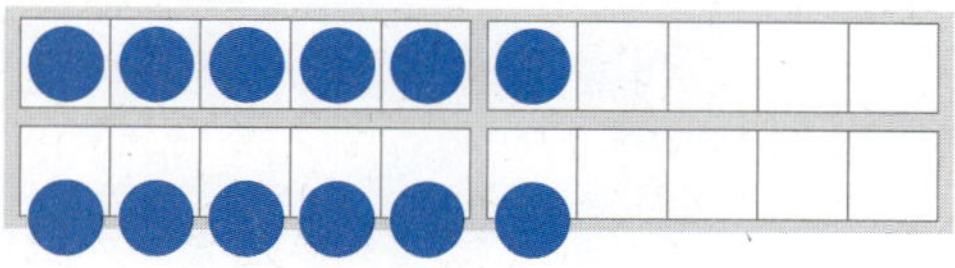 mache 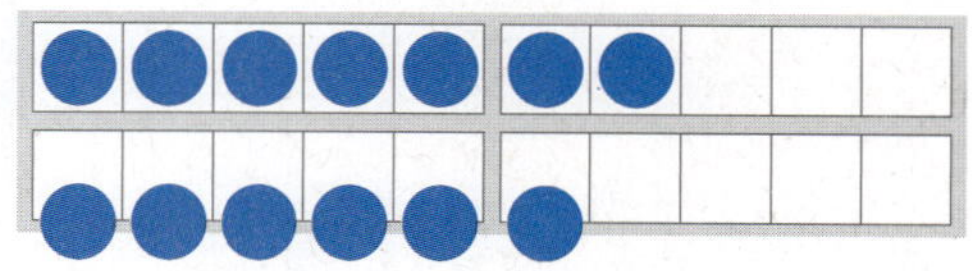

12 − 6 = ... 13 − 6 = ...

3

Aus 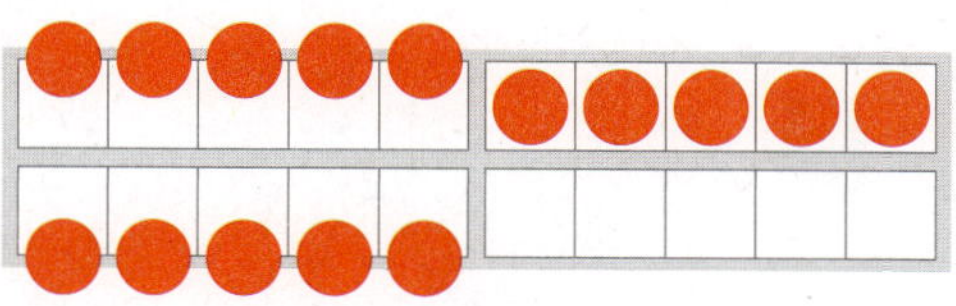 mache 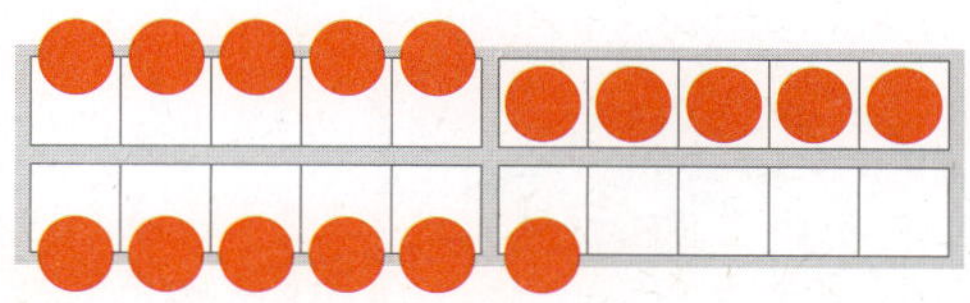

15 − 10 = ... 16 − 11 = ...

4 Lege, rechne, vergleiche.

12 − 2 = ...	15 − 5 = ...
12 − 3 = ...	15 − 6 = ...
12 − 5 = ...	16 − 6 = ...
12 − 6 = ...	16 − 7 = ...
12 − 7 = ...	17 − 7 = ...

5 Lege, rechne, vergleiche.

14 − 7 = ...	16 − 8 = ...
15 − 7 = ...	15 − 8 = ...
18 − 8 = ...	15 − 10 = ...
17 − 9 = ...	15 − 9 = ...
17 − 10 = ...	16 − 9 = ...

6

4 − 3	13 − 3	18 − 3
14 − 3	13 − 4	15 − 3
5 − 2	13 − 5	12 − 3
15 − 2	13 − 6	9 − 3
15 − 3	13 − 7	10 − 3

7

10 − 7	8 − 4	20 − 5
11 − 7	8 − 5	20 − 6
12 − 7	18 − 4	20 − 7
10 − 6	18 − 5	19 − 7
10 − 4	18 − 8	9 − 7

8

7 − 4	9 − 4	8 − 2
17 − 4	19 − 4	18 − 12

9

6 + 6 − 1	7 + 7 − 1	8 + 8 − 1
6 + 5	7 + 6	8 + 7

1 – 5 Die erste Aufgabe jeweils mit Plättchen legen und durch Hinzufügen, Wegnehmen oder Wenden eines Plättchens abwandeln. **4 – 9** Rechnen und Beziehungen besprechen. **8** Zehneranalogien **9** Nachbaraufgaben.

Seite 40

Plus oder Minus

1

9 + 1 = 10   10 − 1 = 9

2

2 + 1 =   3 − 1 =

3

4

5

1 – 5 Zu den Bildern erzählen, jeweils eine passende Plus- und eine Minusaufgabe rechnen.
Seite 41

1

2

10 + 4 =	8 − 4 =
14 − 5 =	4 + 2 =
+ 2 =	− 4 =
11 − 6 =	+ 3 =
5 + 3 =	5 − 5 =

3

10 + 1 =	12 − 1 =
− 6 =	+ 5 =
+ 5 =	− 2 =
− 2 =	+ 6 =
+ 4 =	

Blitzrechnen: Die Kraft der Fünf .... Übt so immer wieder

Zahl mit Stift abtrennen.

Plus- und Minusaufgabe rechnen.

1 „Räuber und Goldschatz" spielen, Rechnungen im Heft notieren. **2, 3** Aufgaben zu „Räuber und Goldschatz" nachrechnen, Spielzüge nachvollziehen und beschreiben.
Zur Grundlegung und zum Üben aufgeklappte Umschlagseite benutzen.
Seite 41-43

Umkehraufgaben

1

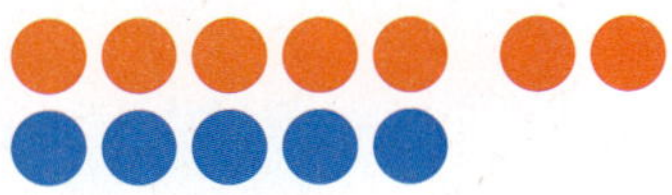

7 + 5 = 12
5 + 7 = 12

12 − 5 = ...

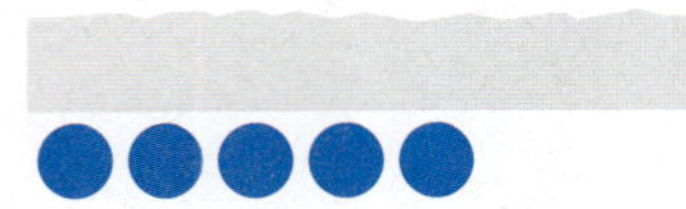

12 − 7 = ...

2 Immer 4 Aufgaben.

 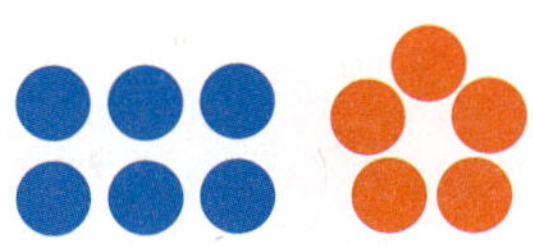  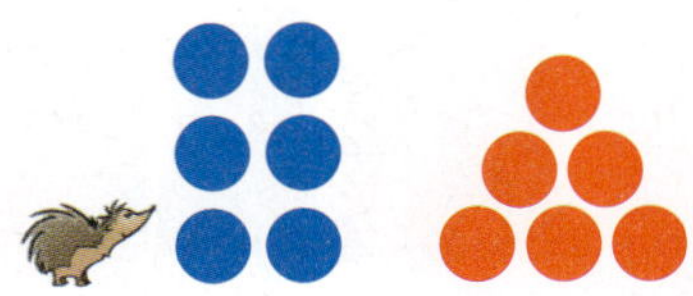

5 + 4 =	6 + 5 =	+ =	+ =
4 + 5 =	+ =	+ =	+ =
9 − 5 =	11 − =	− =	− =
9 − 4 =	− =	− =	− =

3

3 + 2 = ...

5 − 2 = ...

3 + 2 − 2 = ...

4 8 + 5 − 5   9 + 3 − 3   9 + 4 − 3
8 − 5 + 5   9 − 3 + 3   9 − 3 + 4

Finde selbst solche Aufgaben.

1 Beziehung zwischen Aufgaben und Umkehraufgaben besprechen.
2 Aufgaben und Umkehraufgaben rechnen.
3, 4 Rechnen, „ohne zu rechnen".
Seite 44

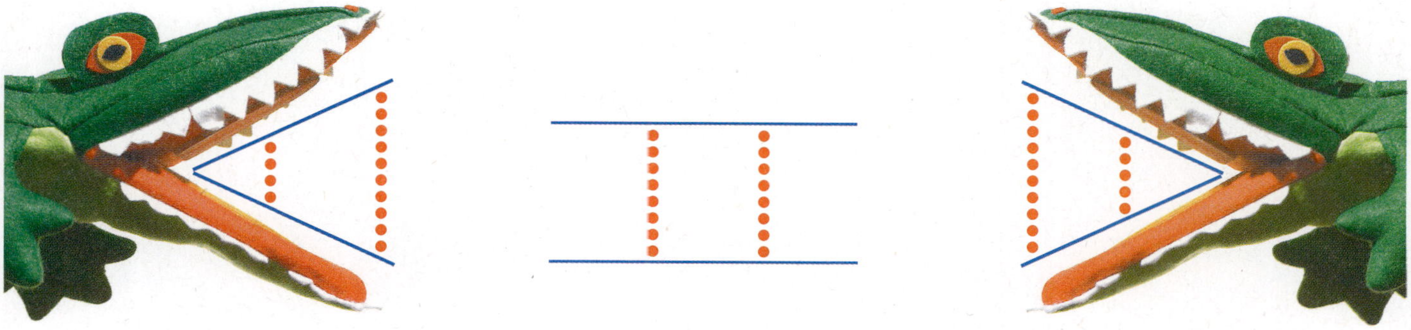

4 < 10
4 ist kleiner als 10

8 = 8
8 gleich 8

10 > 5
10 ist größer als 5

1

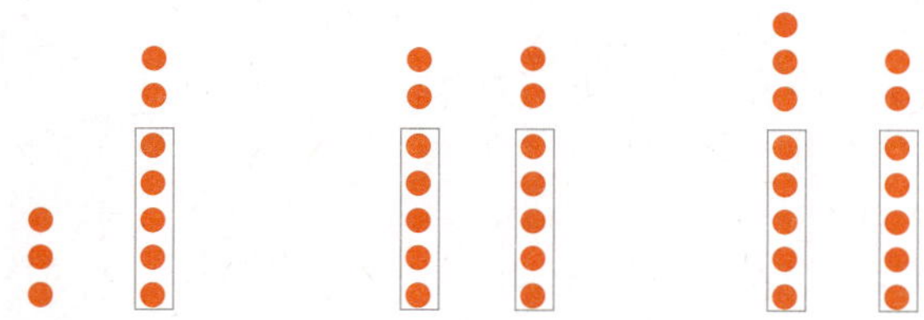

3 < 7 ……… ………

2

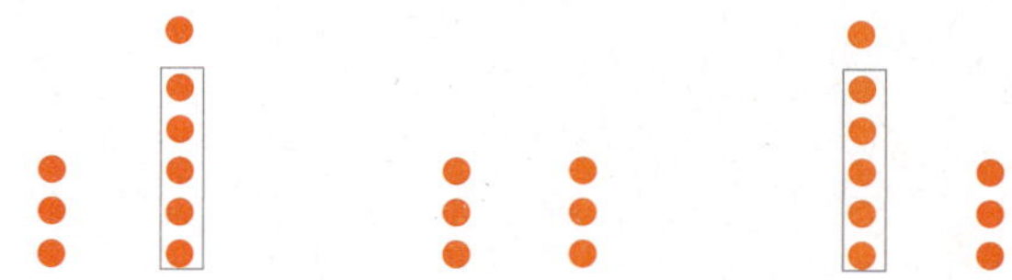

……… ……… ………

3

5 > 4	4 ☐ 10	10 ☐ 3
5 ☐ 10	8 ☐ 10	10 ☐ 10
5 ☐ 14	12 ☐ 10	10 ☐ 13

4

15 ☐ 16	10 ☐ 15	2 ☐ 20
15 ☐ 15	13 ☐ 15	12 ☐ 20
15 ☐ 14	18 ☐ 15	20 ☐ 20

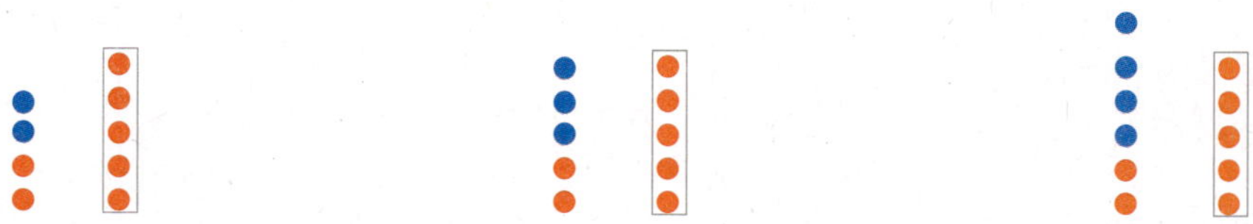

2 + 2 < 5   2 + 3 = 5   2 + 4 > 5

5

3 + 3 > 5	3 + 2 ☐ 5
1 + 4 ☐ 5	4 + 1 ☐ 5
0 + 5 ☐ 5	6 + 0 ☐ 5

6

6 + 6 ☐ 10	4 + 4 ☐ 10
6 + 5 ☐ 10	4 + 5 ☐ 10
5 + 5 ☐ 10	4 + 6 ☐ 10

7

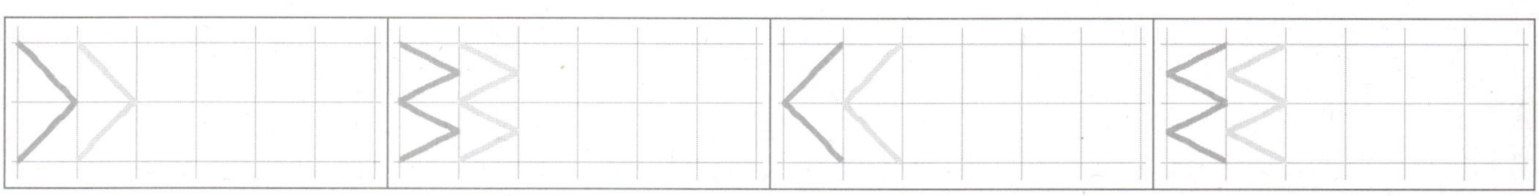

1 – 4 Zahlen vergleichen; < oder = oder > eintragen.
5, 6 Term und Zahl vergleichen.
7 Muster fortsetzen.
Seite 45

Erzählen und rechnen

1 Wozu gehören diese Aufgaben?

6 + 6 = ...	4 + 2 = ...	3 + 5 = ...	12 − 2 = ...	5 + 4 = ...
3 + 3 = ...	5 − 1 = ...	9 − 2 = ...	10 − 1 = ...	3 + 1 + 1 = ...

2 Die Kirschtorte hat 12 Stücke.
5 Stücke werden verkauft.

3 Erfinde selbst Geschichten zu der Aufgabe 12 – 5.

1 Zu vorgegebenen Aufgaben die passende Situation im Bild finden, beschreiben. Aufgaben ausrechnen.
2 Aufgabe mündlich lösen.
3 Zur Aufgabe passende Situationen erfinden.
Seite 46

Erzählen und rechnen

1

Tom: $6 + 4 =$ ....

Ute: $6 + 5 =$ ....

Ali: $6 + 4 + 1 =$ ....

Jana: $6 > 4$ ....

2

....

3

....

4

....

1 – 4 Zu Rechengeschichten verschiedene Fragen und Antworten finden.
Passende Rechnungen aufschreiben.

Seite 46–48

Formen legen

Quadrat mit Formen auslegen, Formen besprechen (Mini-Tangram, Beilage).
Segelboot mit 5 Formen auslegen. Kleine (schwarze) Figuren nachlegen.

Häuser mit passenden Formen auslegen. Kleine (schwarze) Figuren nachlegen.

Seite 49

Zahlenmauern

1

	␣	
7	3	
5	2	1

	␣	
5	3	1

	␣	
5	4	1

	␣	
5		
5	0	4

2

	␣	
5	5	5

	␣	
6	4	6

	␣	
9		
5		6

	␣	
	8	
5	4	

3

2	1	1	2

12			
7			
4			
2		1	1

3		3	
1			1

4 Finde selbst Mauern.

5

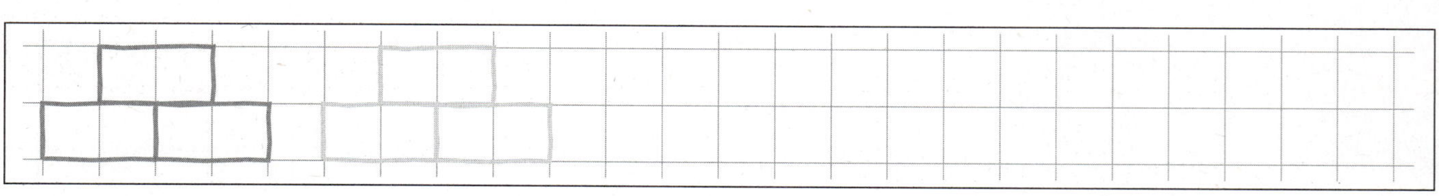

1 – 3 Den Aufbau der Mauer herausfinden, mit Bausteinen nachbauen, fehlende Zahlen ergänzen.
4 Selbst Zahlenmauern erfinden (Kopiervorlage).
5 Mauern auf Rechenpapier zeichnen.
Seite 50

1 Mauern mit 3, 4, 5.

3 4 5	3 5 4	5 3 4
5 4 3	4 5 3	4 3 5

Was fällt dir auf?

2 Finde selbst Mauern mit 1, 2, 3. Vergleiche sie.

3 Aus 1, 7, 10, 3, 2, 5

legt Fatima

10

7 3

5 2 1

Wie geht es noch?

4 Lege Zahlenmauern

aus 18, 12, 10, 6, 4, 2

aus 3, 5, 8, 9, 12, 20

aus 8, 3, 5, 7, 2, 15

5 Tims Zahlenmauern:

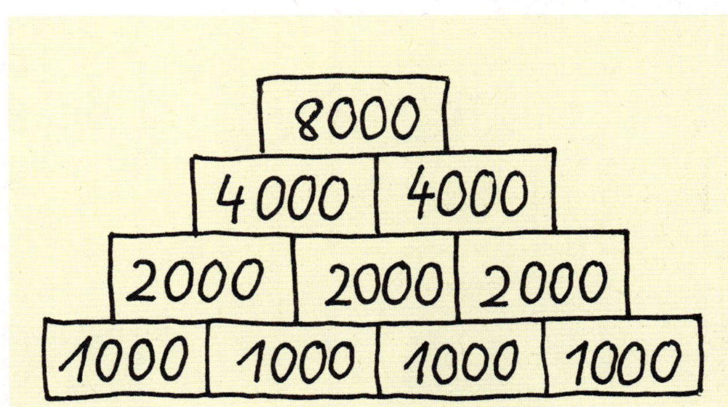

Erfinde selbst Zahlenmauern.

1 Fehlende Zahlen ergänzen, Mauern besprechen, je 2 haben den gleichen Deckstein.
2 Selbst Mauern aus den Grundsteinen 1, 2, 3 (Kopiervorlage) bilden und rechnen.
3, 4 Aus 6 Wendekarten jeweils eine Zahlenmauer legen. **5** Tims Zahlenmauern besprechen als Anregung für Eigenproduktionen. Seite 51, 52

Legen und überlegen

Eine 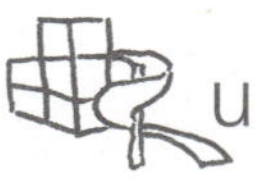 und ein .
Alle Kinder wollen spielen.
Lege für die Kinder Plättchen
und schiebe.

1 Auf der  spielen 3 Kinder.

2 Am  spielen 6 Kinder.

3 Auf der  und am  spielen gleich viele Kinder.

4 Auf der 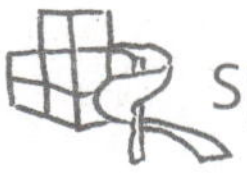 spielen 2 Kinder mehr als am .

5

Aus  mache 

Schaffst du es, nur
3 Münzen zu bewegen?

1 – 4 Für die Kinder werden stellvertretend Plättchen gelegt und den Aufgaben entsprechend zur Rutsche oder zum Kletterturm geschoben.
5 Mit Münzen oder Plättchen nachlegen und probieren.

1 Wie viele Beine haben 6 Gänse?

Silvia: 

Toni: 6 + 6 = 12

Anna: 2 + 2 + 2 + 2 + 2 + 2 = 12

2 Wie viele Beine haben 4 Hasen?

3 Wie viele Beine haben 2 Gänse und 2 Hasen zusammen?

4 Wie alt ist Sarah, wenn Ron 10 Jahre alt ist?

Ron 6 Jahre

Sarah 3 Jahre

Andreas:

6 + 4 = 10

3 + 4 = 7

Sarah ist dann 7 Jahre alt.

Inken:

Ron	6	7	8	9	10
Sarah	3	4	5	6	7

5 Karin ist 6 Jahre alt.
Sie bekommt ein Brüderchen Kevin.
Wie alt ist Karin, wenn Kevin 6 Jahre alt ist?

1 – 5 Sachaufgaben zunächst ohne Buch lösen.
Anschließend Lösungen im Buch nachvollziehen, besprechen und vergleichen.

Rechendreiecke

1

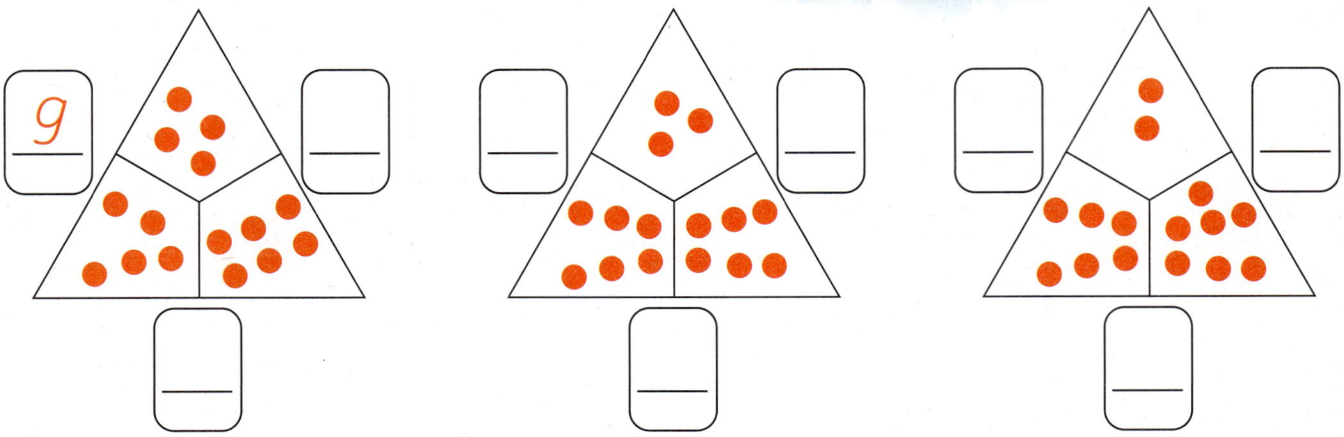

2

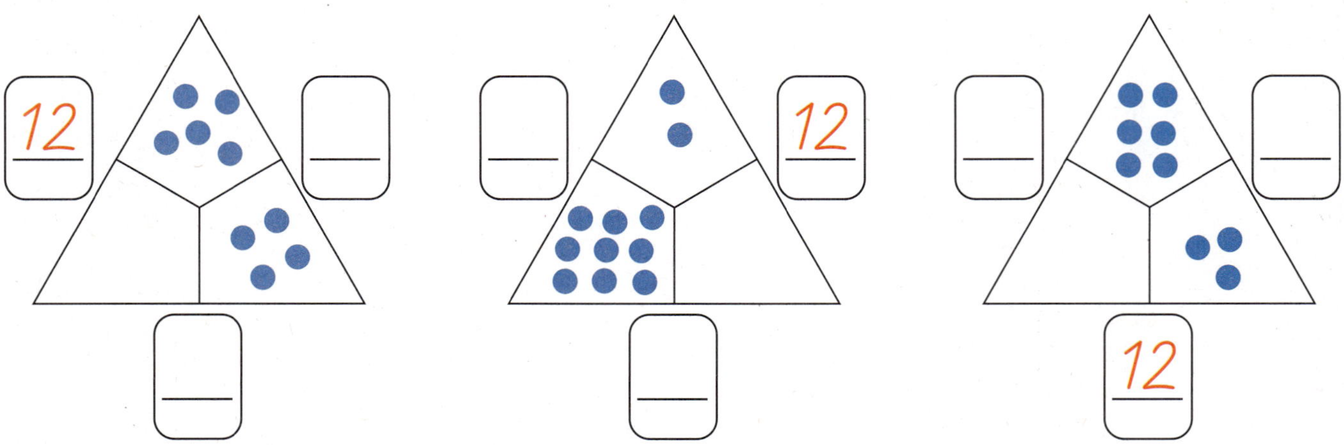

3

1 Aufgaben auf Kopiervorlage (großes Rechendreieck) nachlegen. Rechenregeln besprechen: Anzahlen der Plättchen in benachbarten Feldern addieren, Ergebnis außen hinschreiben.
2 Rechendreiecke vervollständigen.
3 Muster fortsetzen.

1

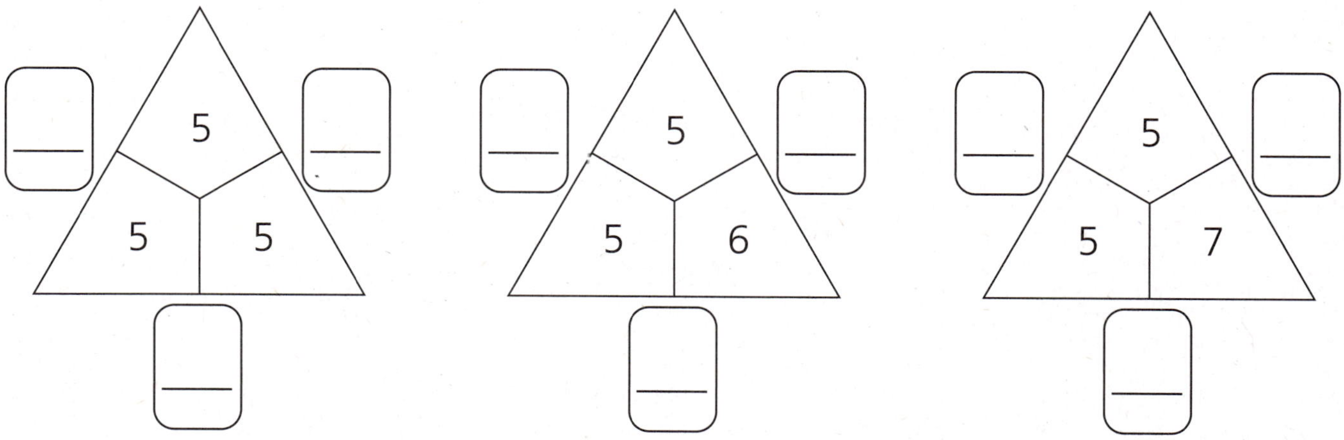

2

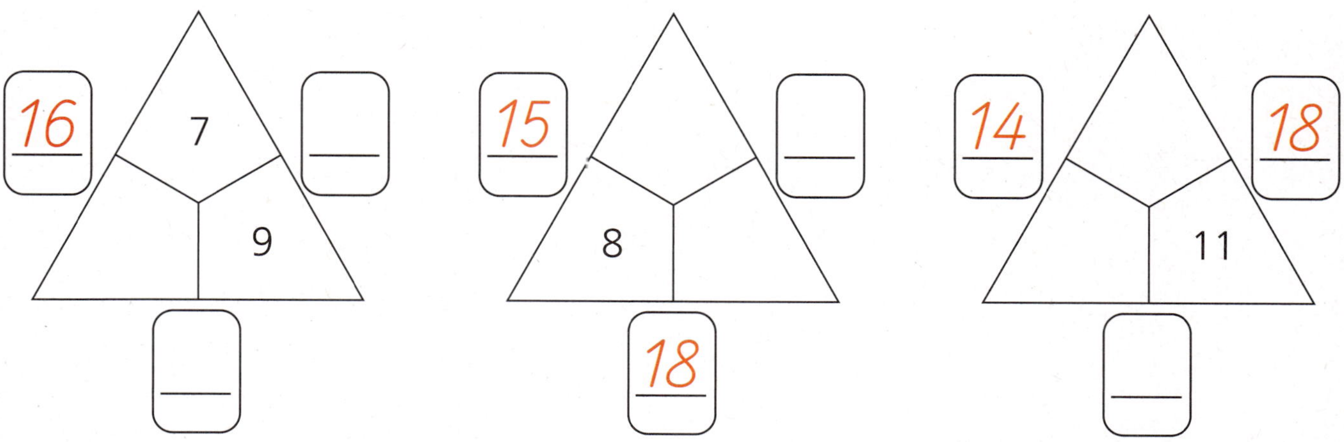

3

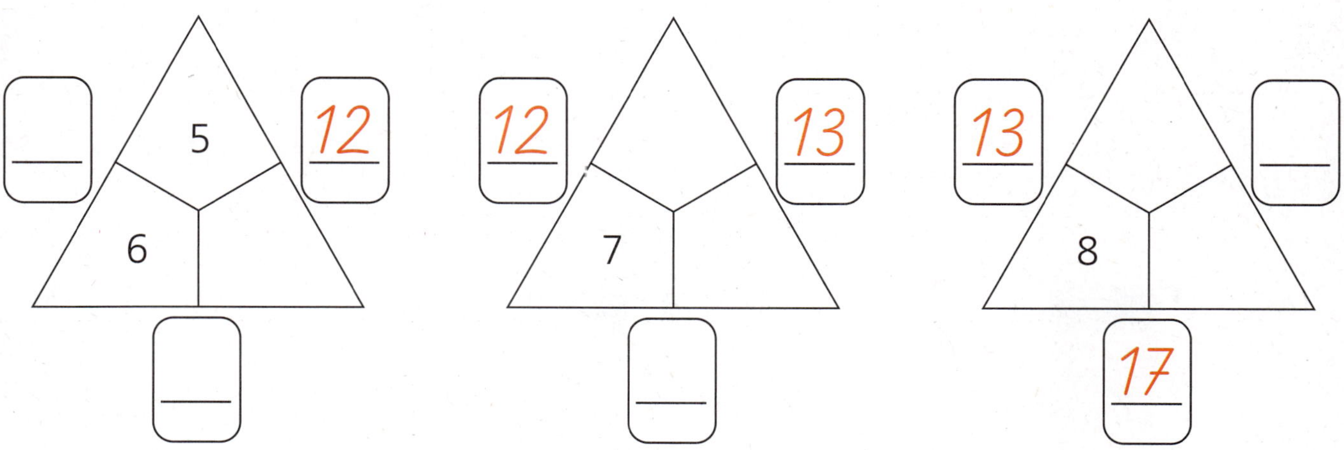

4

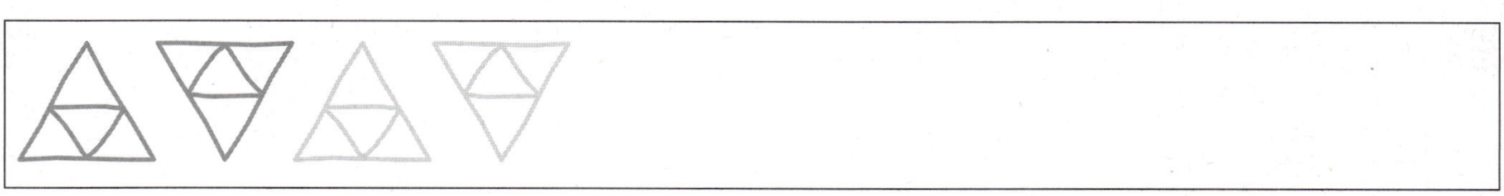

1 – 3 Rechendreiecke vervollständigen und Zahlen in benachbarten Dreiecken vergleichen.
Für weitere Aufgaben Kopiervorlage (kleine Rechendreiecke) verwenden.
4 Muster fortsetzen.
Seite 53

Knotenschule

1 Freihandknoten

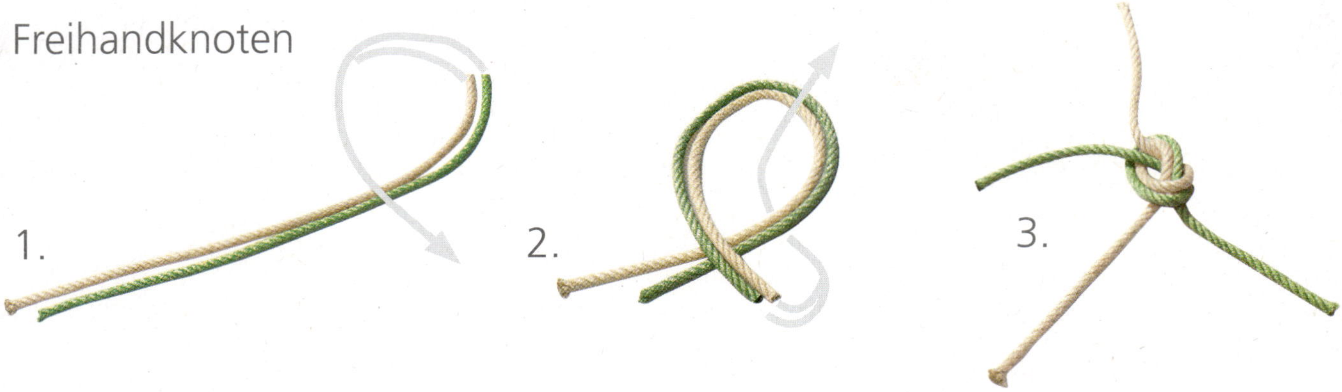

Mit dem Freihandknoten kannst du zwei Schnüre zusammenbinden.

2 Schlaufenknoten

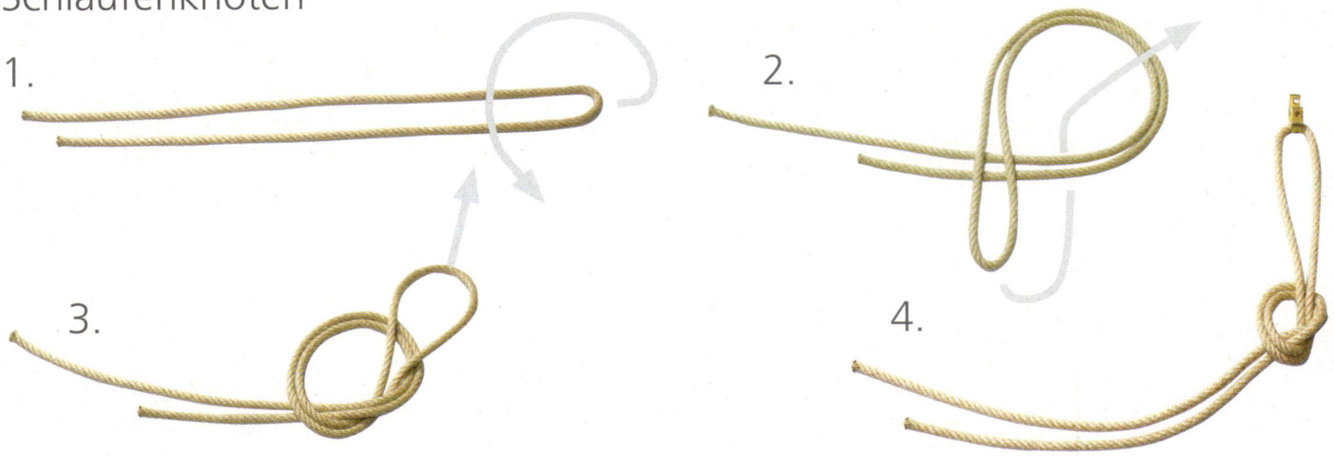

Mit dem Schlaufenknoten kannst du eine Schnur an einem Haken befestigen.

3 Schuhschleife

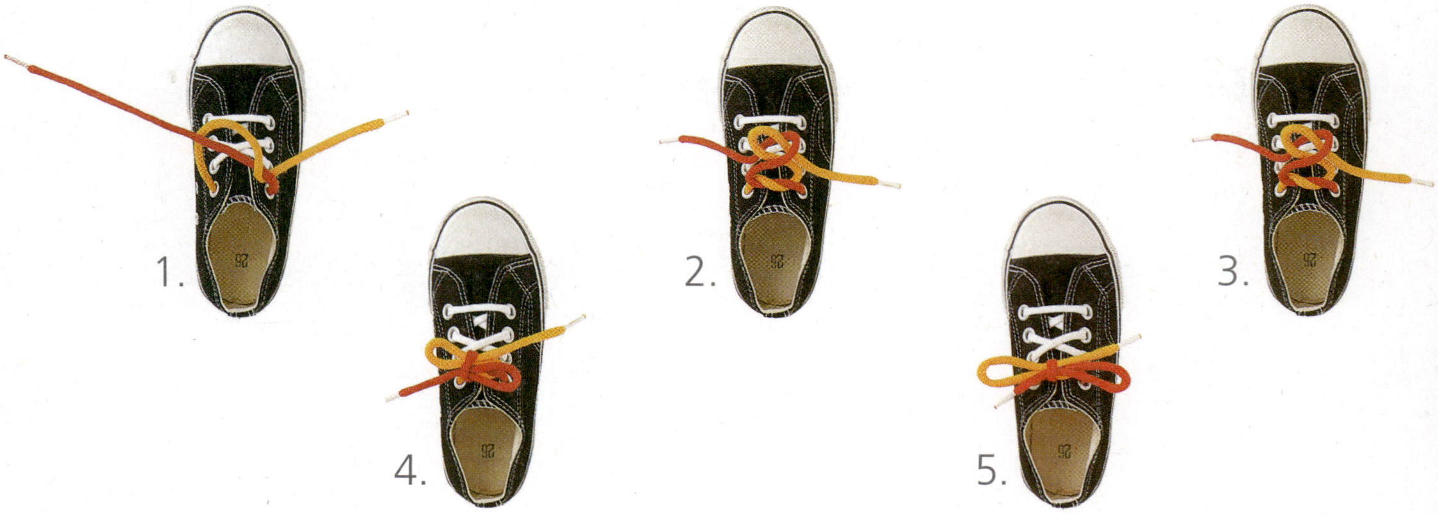

1

2 Wie heiße ich?

Ich habe lange blonde Haare. ....

Ich bin ein Junge und trage eine Brille. ....

Ich sitze zwischen Viola und Anna. ....

Ich sitze neben Daniel und habe kurze Haare. ....

Ich sitze gegenüber von Lars und lache. ....

Mein Vorname fängt mit **L** an. ....

Ich sitze rechts von Julia. ....

Ich sitze links von Lars. ....

Ich sitze rechts neben dem Kind,
das gegenüber von Sandra sitzt. ....

1 Mit Hilfe der Umrisszeichnung (Plan) herausfinden, wie die Kinder auf dem Bild heißen, entsprechend anmalen.
2 Nach den Beschreibungen die Kinder herausfinden.

Wege finden

Erzähle und zeige. Wie kann man gehen?

1 Leo zur S, Ina zur S,

2 Ina zum , Eva zum . Vergleiche!

1, 2 Kinder zeigen mit dem Finger die Wege und beschreiben sie.

Das Taxi fährt in **ECKENHAUSEN** keine Umwege!

1 Vom TAXI – Stand zu Leo: 5 Wegstücke

Von Leo zur : .... Wegstücke

Von der  zum : .... Wegstücke

2 Welcher Weg ist länger?

Von der POLIZEI zur S oder von der POLIZEI zum ?

3 Das Taxi fährt immer 4 Wegstücke.
Wo kann es hinkommen? Zeichne die Ziele rot ein.

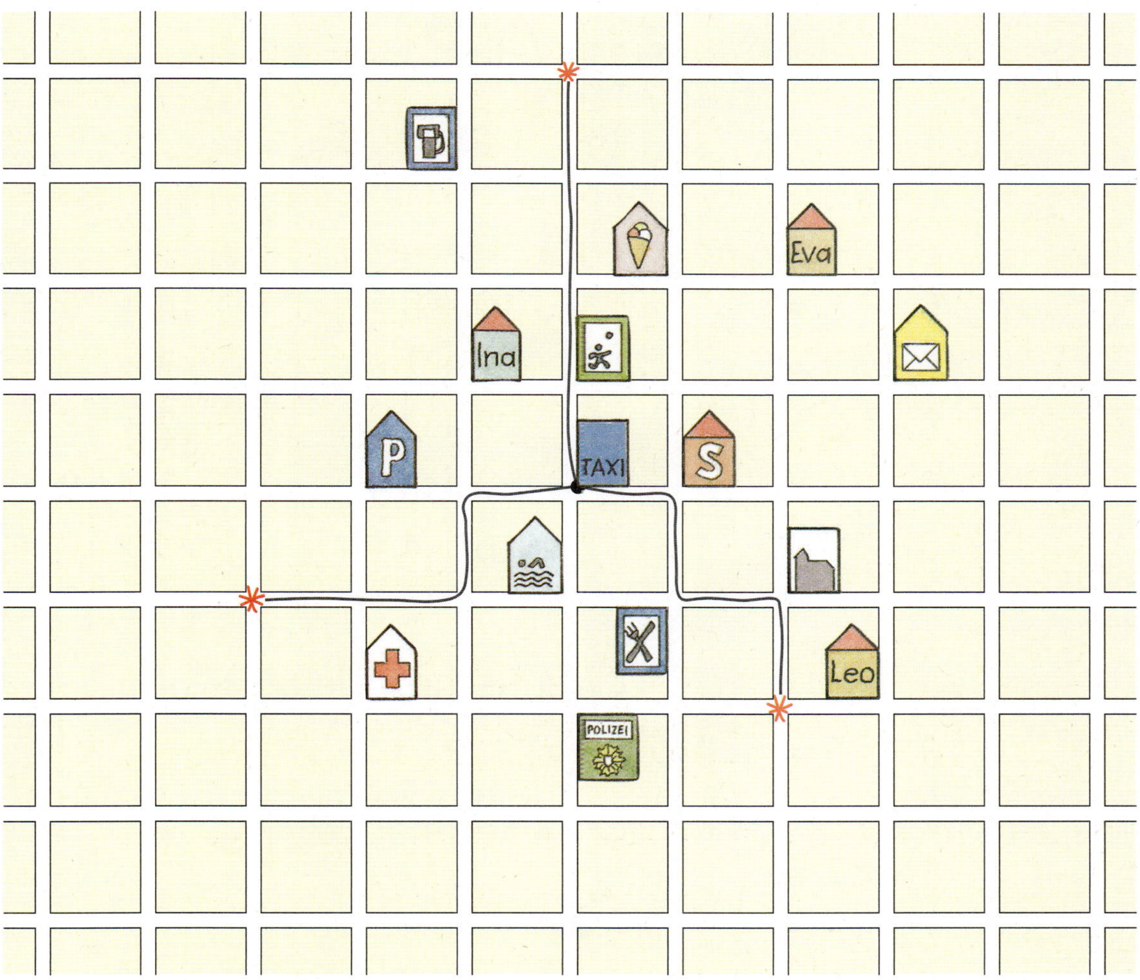

Was fällt auf?

1, 2 Ein Plättchen dient als Taxi auf dem Plan vor Seite 74 und wird entsprechend geschoben.
3 Die Taxiwege werden mit Bleistift nachgefahren, die Endpunkte mit einer Farbe markiert.

Einspluseins-Tafel

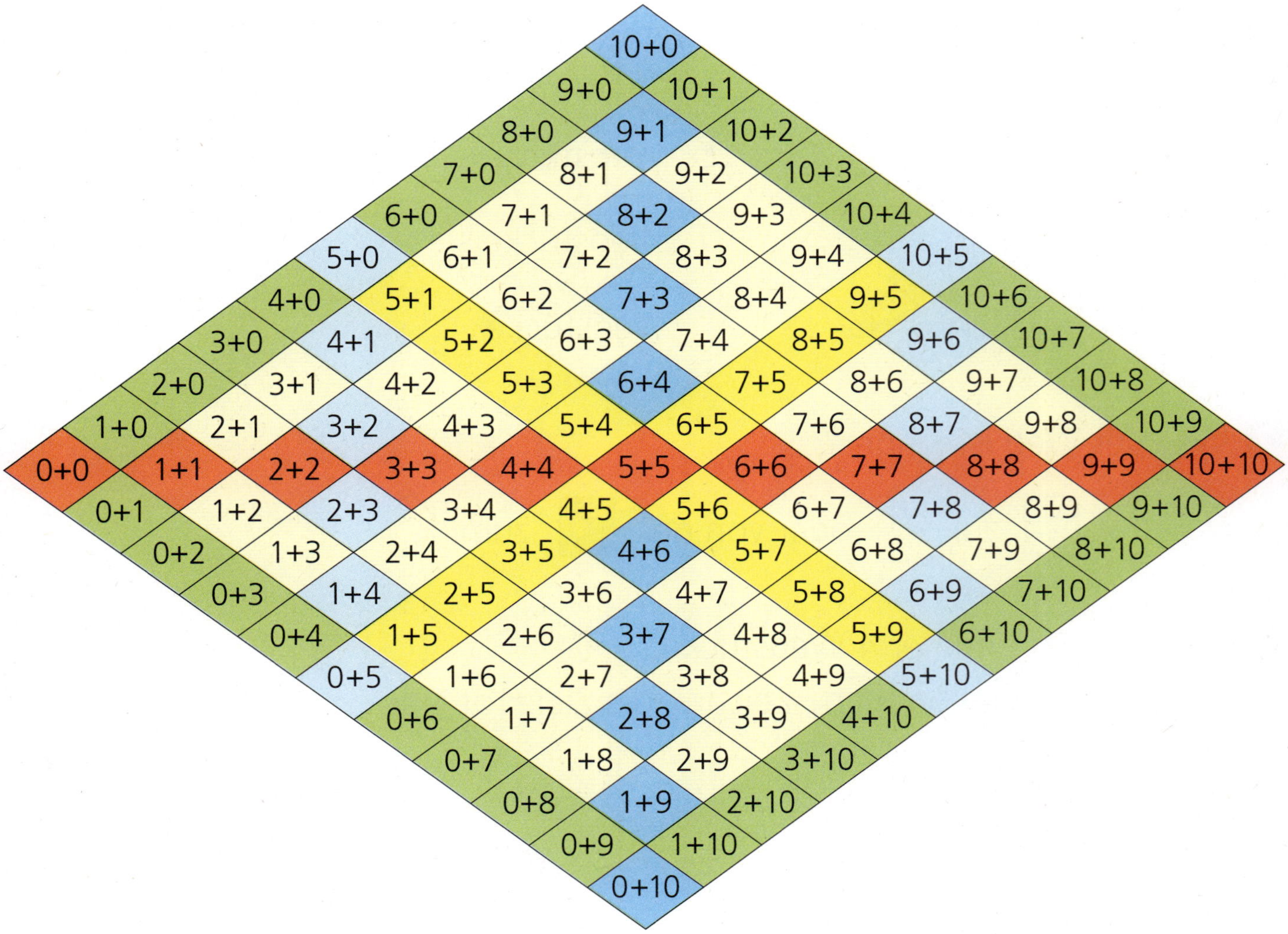

1

0 + 0 = ... 6 + 6 = ...
1 + 1 = ... 7 + 7 = ...
2 + 2 = ... 8 + 8 = ...
3 + 3 = ... 9 + 9 = ...
4 + 4 = ... 10 + 10 = ...
5 + 5 = ...

2

10 + 0 = ... 4 + 6 = ...
9 + 1 = ... 3 + 7 = ...
8 + 2 = ... 2 + 8 = ...
7 + 3 = ... 1 + 9 = ...
6 + 4 = ... 0 + 10 = ...

3

5 + 0 = ... 10 + 5 = ...
4 + 1 = ... 9 + 6 = ...
3 + 2 = ... 8 + 7 = ...
2 + 3 = ... 7 + 8 = ...
1 + 4 = ... 6 + 9 = ...
0 + 5 = ... 5 + 10 = ...

4 Rechne alle ◆.

5 Rechne alle ◆.

6 Wie viele Aufgaben von jeder Farbe gibt es?

Erste Orientierung auf der Einspluseins-Tafel, Aufgaben rechnen und auf der Tafel zeigen.
1 Verdopplungsaufgaben **2** Zehneraufgaben **3** Fünferaufgaben
4 Aufgaben mit Fünf **5** Aufgaben mit Zehn und Null **6** Strukturiert zählen.
Seite 54

1 Lege und rechne.

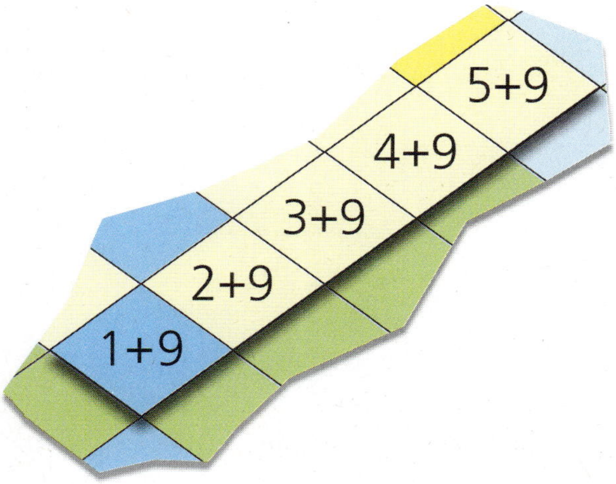

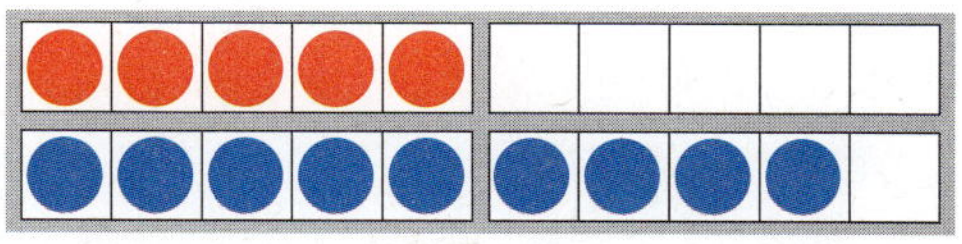

Aus 5 + 9 = ... mache

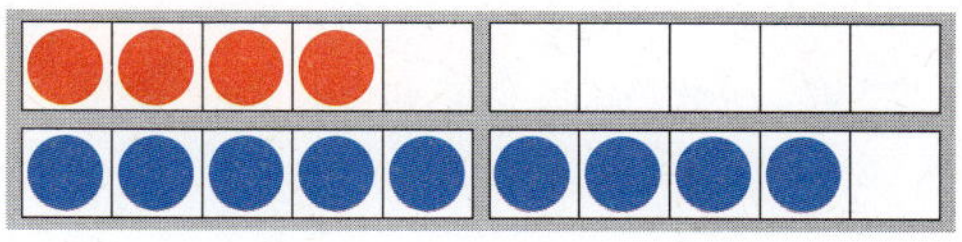

4 + 9 = ...
3 + 9 = ...
2 + 9 = ...
1 + 9 = ...

2

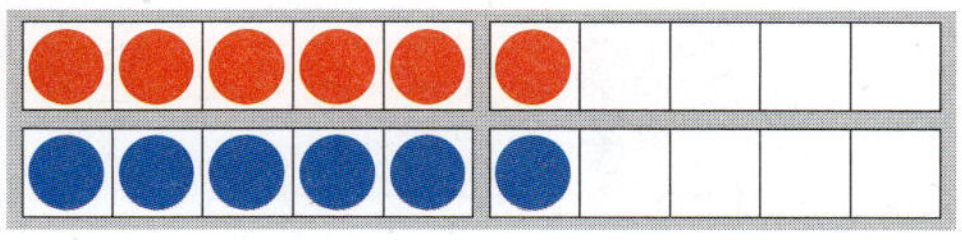

Aus 6 + 6 = ... mache

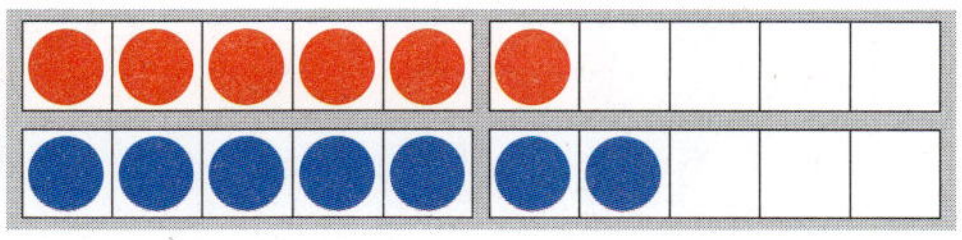

6 + 7 = ...
6 + 8 = ...
6 + 9 = ...
6 + 10 = ...

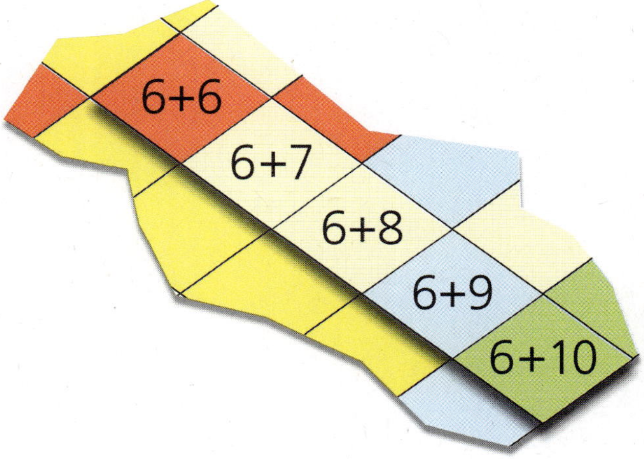

3

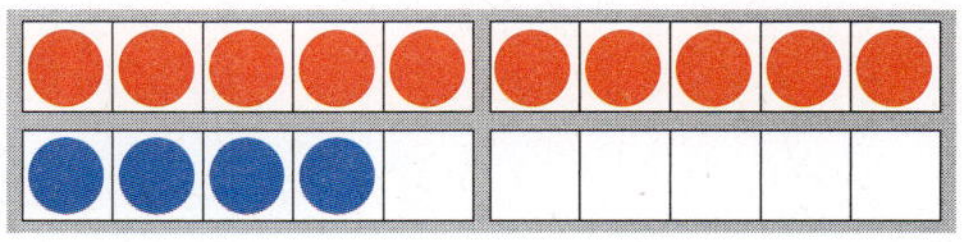

Aus 10 + 4 = ... mache

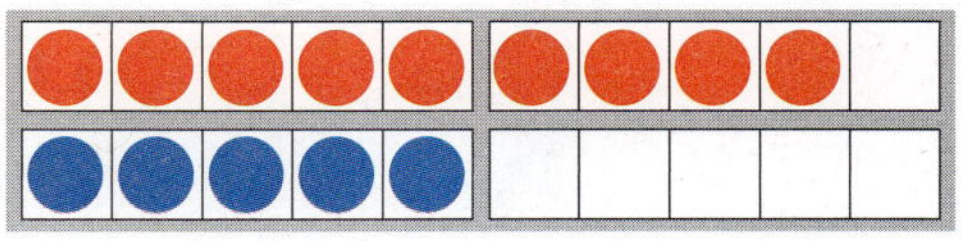

9 + 5 = ...
8 + 6 = ...
7 + 7 = ...

1 – 3 Aufgaben am Zwanzigerfeld legen und rechnen, auf der Einspluseins-Tafel zeigen.
Seite 55

Wege auf der Einspluseins-Tafel

1

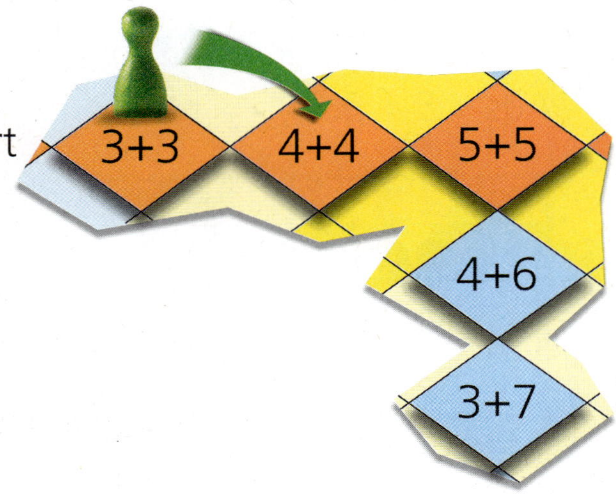

Start 3 + 3 = 6

4 + 4 =

\+ = 10

\+ =

3 + 7 = Ziel

2

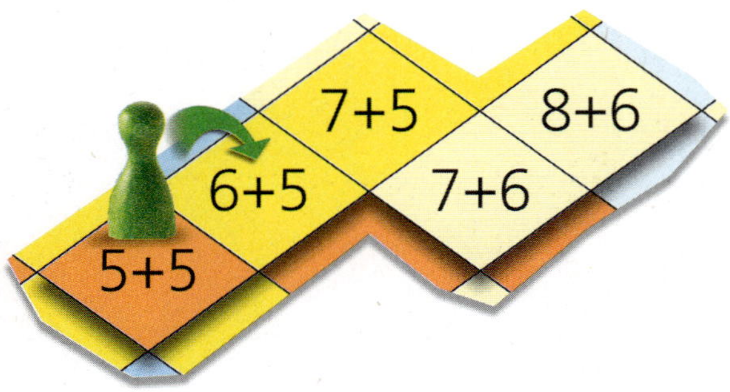

Start 5 + 5 =

\+ = 11

\+ = 12

\+ = 13

8 + 6 = Ziel

3

8 + 2 = 10

7 + 2 =

\+ = 10

\+ = 9

6 + 4 =

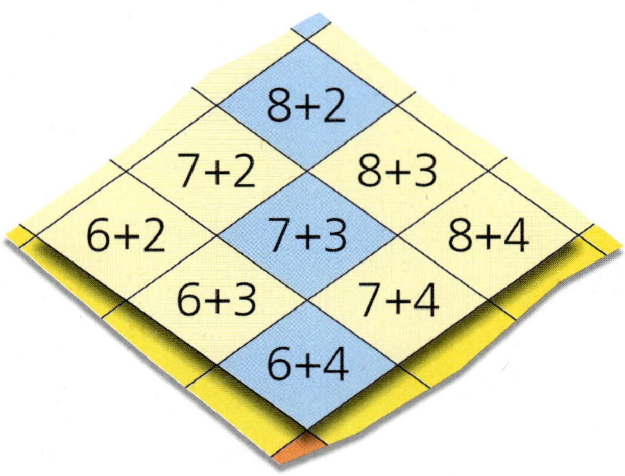

6 + 2 =

7 + 2 =

\+ = 11

\+ = 12

7 + 4 =

4

2 + 8 =

\+ = 8

\+ = 6

\+ = 6

1 + 4 =

5 Finde eigene Wege.

1, 2 Wege auf der Einspluseins-Tafel suchen, Aufgaben rechnen.
3, 4 Wege zu vorgegebenen Aufgaben finden (siehe auch Kopiervorlagen).
5 Selbst Wege finden und entsprechende Aufgaben im Heft rechnen.
Seite 56

1 Vergleiche.

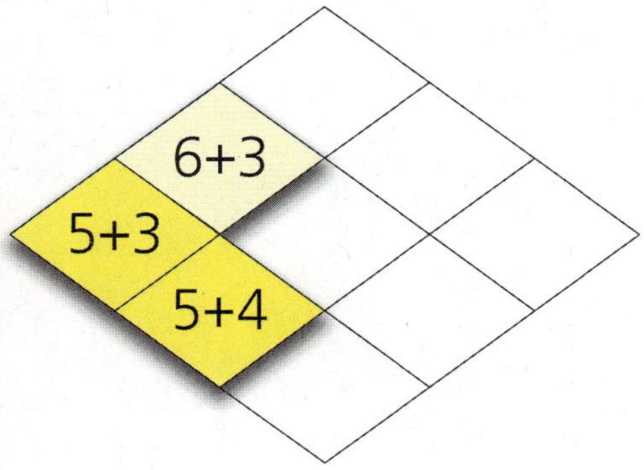

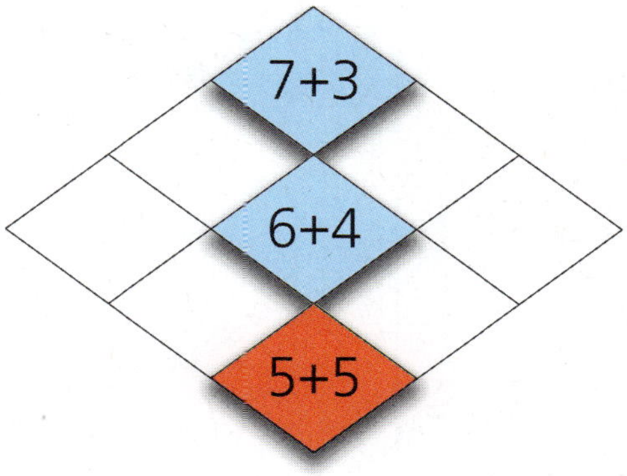

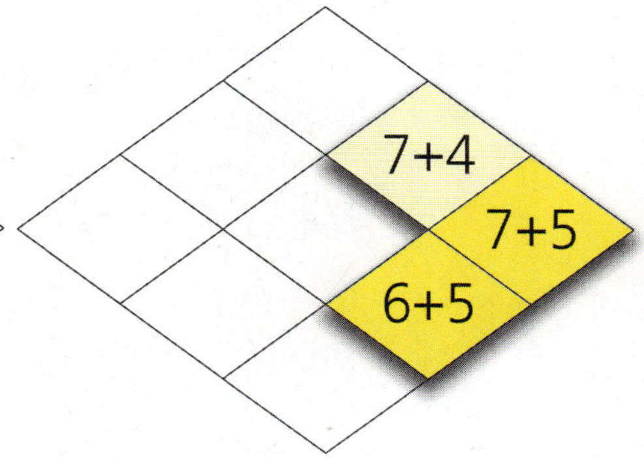

6 + 3 < 10	7 + 3 = 10	7 + 4 > 10
5 + 3 □ 10	6 + 4 □ 10	7 + 5 □ 10
5 + 4 □ 10	5 + 5 □ 10	6 + 5 □ 10

2

3 + 1 □ 5	3 + 3 □ 10
3 + 2 □ 5	4 + 4 □ 10
2 + 3 □ 5	5 + 5 □ 10
3 + 3 □ 5	6 + 6 □ 10
2 + 2 □ 5	7 + 7 □ 10

3

8 + 6 □ 10	8 + 1 □ 15
7 + 5 □ 10	8 + 3 □ 15
6 + 4 □ 10	8 + 5 □ 15
5 + 3 □ 10	8 + 7 □ 15
4 + 2 □ 10	8 + 9 □ 15

4

18 – 3 □ 5	14 – 3 □ 10
8 – 3 □ 5	13 – 4 □ 10
17 – 4 □ 5	16 – 6 □ 10
7 – 4 □ 5	16 – 10 □ 10
12 – 7 □ 5	17 – 7 □ 10

5

20 – 5 □ 15	17 – 2 □ 15
19 – 4 □ 15	16 – 3 □ 15
19 – 5 □ 15	16 – 0 □ 15
15 – 0 □ 15	18 – 2 □ 15
15 – 1 □ 15	18 – 3 □ 15

6

7 + 7 □ 14	6 + 5 □ 12
7 + 6 □ 14	6 + 6 □ 12
6 + 8 □ 14	5 + 7 □ 12

7

8 + 9 □ 16	9 + 9 □ 18
7 + 8 □ 16	8 + 10 □ 18
8 + 8 □ 16	10 + 9 □ 18

8 Mark hat , Eva hat .

Wer hat mehr?

1 – 7 Zeichen einsetzen, evtl. Einspluseins-Tafel benutzen.
8 Aufgabe mündlich rechnen.

Ergänzen

1

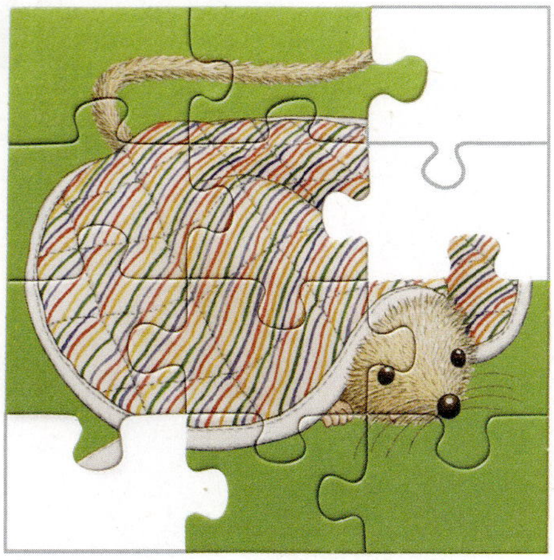

9 + ... = 12

11 + ... = 15

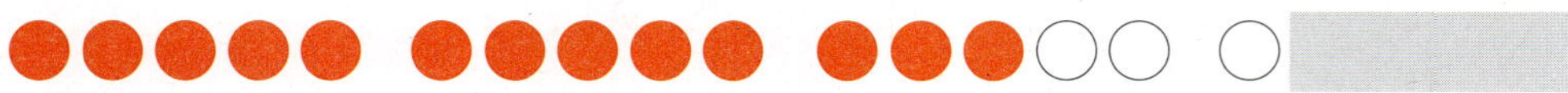

13 + ... = 16

2

7 + ... = 10
6 + ... = 10
5 + ... = 10
3 + ... = 10
2 + ... = 10

7 + ... = 12
6 + ... = 12
5 + ... = 12
3 + ... = 12
2 + ... = 12

3

8 + ... = 16
8 + ... = 15
8 + ... = 13
8 + ... = 11
8 + ... = 10

15 + ... = 20
10 + ... = 20
20 + ... = 20
0 + ... = 20
5 + ... = 20

4

8 + ... = 14
9 + ... = 15
10 + ... = 16
11 + ... = 18
13 + ... = 20

4 + ... = 10
4 + ... = 11
5 + ... = 11
5 + ... = 12
6 + ... = 12

5

18 + ... = 20
8 + ... = 20
14 + ... = 20
4 + ... = 20
16 + ... = 20

9 + ... = 16
10 + ... = 16
11 + ... = 16
12 + ... = 17
13 + ... = 17

6 Wie viele fehlen?

12 + ... = 15

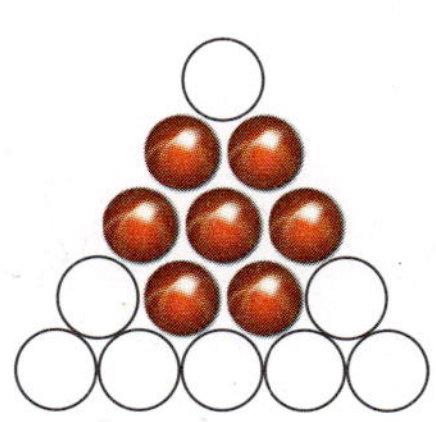

7 + ... = 15

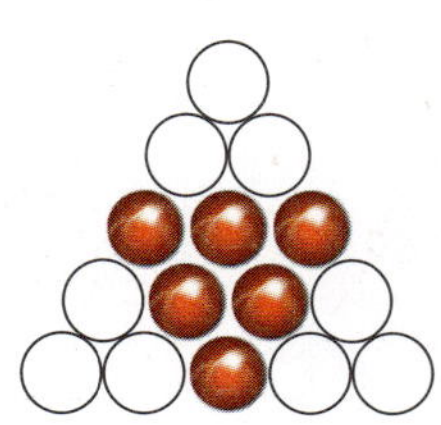

6 + ... = 15

9 + ... = 15

1 Ergänzungsaufgaben interpretieren und lösen.
2 – 5 Aufgaben durch Ergänzen lösen.
6 Mit Plättchen nachlegen, Ergänzungsaufgaben lösen.

Minusaufgaben durch Ergänzen lösen

1 **16 − 13 = ………**

Vergleicht die Rechenwege. Wie rechnet Ali?

2

17 + ……… = 20	13 + ……… = 17	9 + ……… = 12
20 − 17 = ………	17 − 13 = ………	12 − 9 = ………

3

14 + ……… = 20	11 + ……… = 16	7 + ……… = 12
20 − 14 = ………	16 − 11 = ………	12 − 7 = ………

4 Löse durch Ergänzen.

14 − 11	12 − 8	15 − 10	20 − 17	16 − 11	11 − 7
18 − 15	13 − 9	17 − 12	19 − 15	16 − 9	14 − 8

5

Zahlenmauer 1	Zahlenmauer 2	Zahlenmauer 3	Zahlenmauer 4
12	12	20	20
7 | ___	6 | ___	10 | ___	___ | 11
5 | ___ | ___	___ | ___ | 4	5 | ___ | ___	___ | ___ | 4

1 – 4 Ergänzen als vorteilhafte Strategie bei Minusaufgaben mit großem Subtrahenden herausarbeiten (Rechenkonferenz).
5 Zahlenmauern durch Ergänzen lösen.
Seite 57

Mit Geld rechnen

1 Simon hat .... Euro. Simon kauft: Simon hat noch .... Euro.

2 Lisa hat .... Euro. Lisa kauft: Lisa hat noch .... Euro.

Flohmarkt und Einkaufen spielen, mit Rechengeld bezahlen.
1, 2 Aufgaben mit Rechengeld legen, den Restbetrag einzeichnen, Beträge eintragen.

1 Ich kaufe: | Ich gebe:

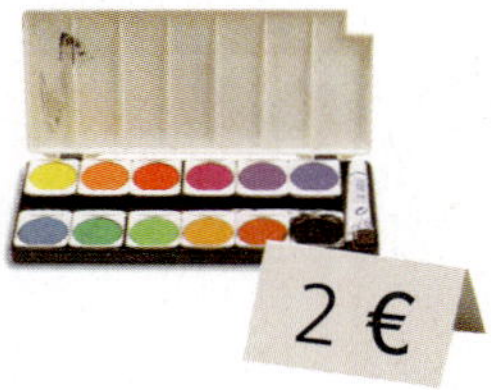

Zurück: .... Euro

2 Ich kaufe: | Ich gebe:

Zurück: .... Euro

3 Ich kaufe: | Ich gebe:

Zurück: .... Euro

4 Ich kaufe: | Ich gebe:

Zurück: .... Euro

5 Ich kaufe: | Ich gebe:

Zurück: .... Euro

6 Ich kaufe: | Ich gebe:

Zurück: .... Euro

7

6 € + ... € = 12 €
8 € + ... € = 14 €
10 € + ... € = 16 €
12 € + ... € = 17 €
14 € + ... € = 20 €

8

18 € – .... € = 8 €
16 € – .... € = 8 €
14 € – .... € = 8 €
12 € – .... € = 8 €
10 € – .... € = 8 €

9

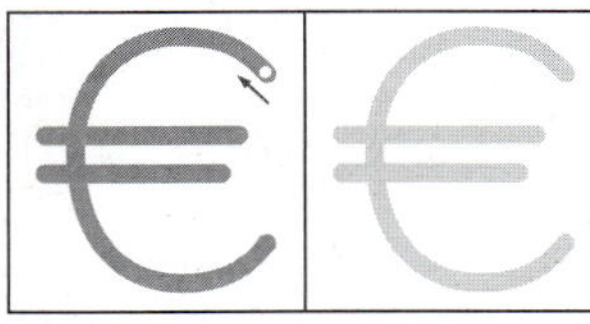

1 – 6 Aufgaben mit Rechengeld legen und lösen. In **6** reicht das Geld nicht!
7, 8 Fehlende Zahlen ergänzen.
9 Eurosymbol schreiben.

Mit Geld rechnen

1

Zu zahlen 5 Euro .... Euro .... Euro .... Euro

2 Rundfahrt

Kinder	1	2	3	4	5	6
Zu zahlen	1 €	2 €	3 €	€	€	€

Erwachsene	1	2	3	4	5	6
Zu zahlen	2 €	4 €	€	€	€	€

3 Familie Minetti bezahlt für:

3 Kinder .... Euro
2 Erwachsene .... Euro

zusammen .... Euro

4 Familie Kaiser bezahlt für:

2 Kinder .... Euro
3 Erwachsene .... Euro

zusammen .... Euro

1 Aufbau der Tabelle besprechen, Fahrpreise eintragen.
2 Tabellen ausfüllen.
3 Ergebnisse von **2** zur Lösung nutzen.

1 Frau König bezahlt für sich und drei Kinder:

Rundfahrt	....	Euro
3 Eis	....	Euro
zusammen	....	Euro

2 Familie Otte bezahlt:

2 Kaffee	....	Euro
2 Eis	....	Euro
zusammen	....	Euro

3 Ute und Uli bezahlen:

Rundfahrt	....	Euro
1 Tierfutter	....	Euro
2 Eis	....	Euro
zusammen	....	Euro

4 Herr Kluge bezahlt:

3 Saft	....	Euro
3 Eis	....	Euro
3 Tierfutter	....	Euro
zusammen	....	Euro

5 Das erste deutsche Rechenbuch schrieb Adam Ries.
Er wurde in Staffelstein (Bayern) geboren und war Rechenmeister in Erfurt (Thüringen) und Annaberg (Sachsen).
Er lebte von 1492 bis 1559.

„Wer nicht weiß, was Rechnen ist,
Leicht betrogen wird mit List.
Dies nimm zu Herzen, bitt' ich sehr.
Ein jeder sein Kind Rechnen lehr'."

1 – 4 Preise von Seite 84 zur Lösung verwenden. Sachaufgaben ausrechnen.
5 Den Rechenmeister Adam Ries und ein Gedicht aus seinem berühmten Rechenbuch kennen lernen.
Seite 58, 59

Tageszeiten

4	5	6	7	8	9	10	11	12

Wann ist Mittag?
Wie sieht dein Tag aus?
Erzähle.

Um .... Uhr
stehe ich auf.

Nachts schlafe ich.

Die Landschaft mit Blumen, Tieren und dem jeweiligen Sonnenstand beschreiben, den Tagesablauf zu Uhrzeiten in Bezug setzen und erzählen. Uhrzeiten auf Lernuhr einstellen und ablesen.

13	14	15	16	17	18	19	20	21
1	2	3	4	5	6	7	8	9

Um .... Uhr
gehe ich ins Bett.

Die Landschaft mit Blumen, Tieren und dem jeweiligen Sonnenstand beschreiben,
den Tagesablauf zu Uhrzeiten in Bezug setzen und erzählen.
Uhrzeiten auf Lernuhr einstellen und ablesen.
Seite 60

Halbieren

1

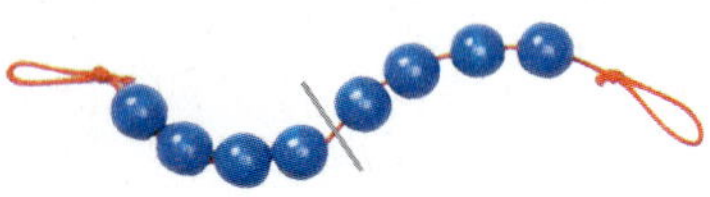

8 = 4 + ……

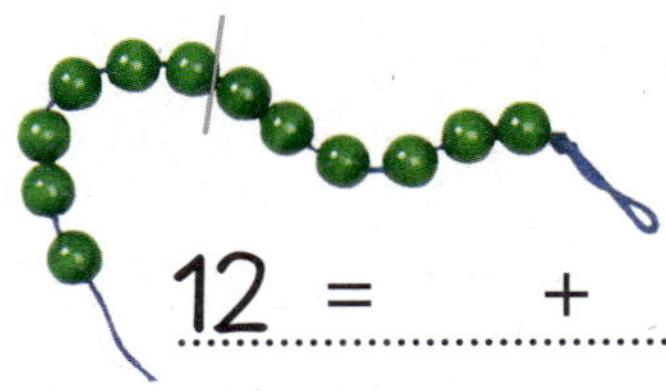

12 = …… + ……

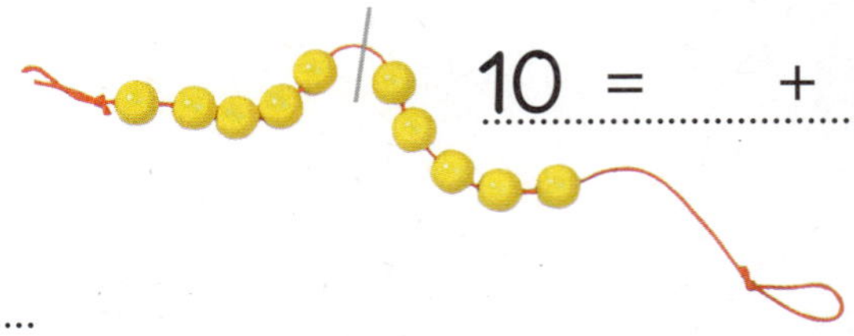

10 = …… + ……

2

4 = 2 + ……

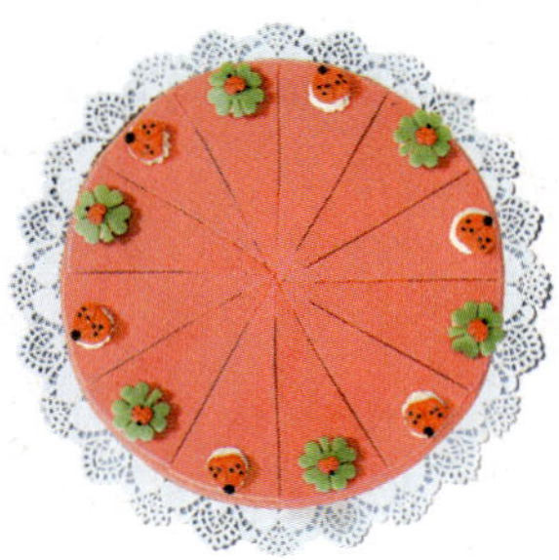

12 = …… + ……

18 = …… + ……

…… = …… + ……

…… = …… + ……

…… = …… + ……

3

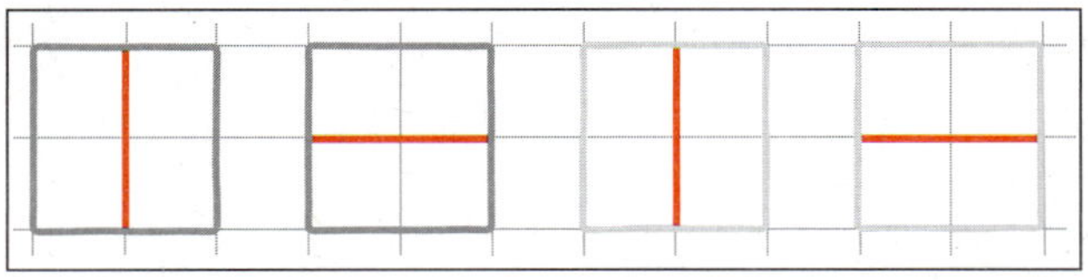

4

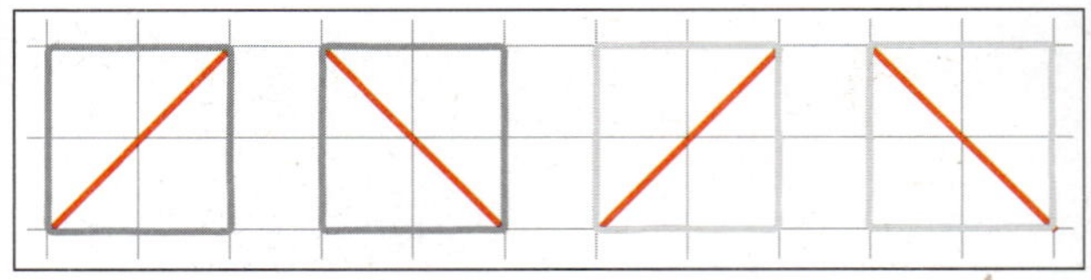

1 Mit Perlen untersuchen, welche Ketten sich halbieren lassen.
2 Halbieren, Gleichungen schreiben.
3, 4 Formen im Heft fortsetzen, dabei Quadrate halbieren.

1 Lege, rechne und vergleiche.

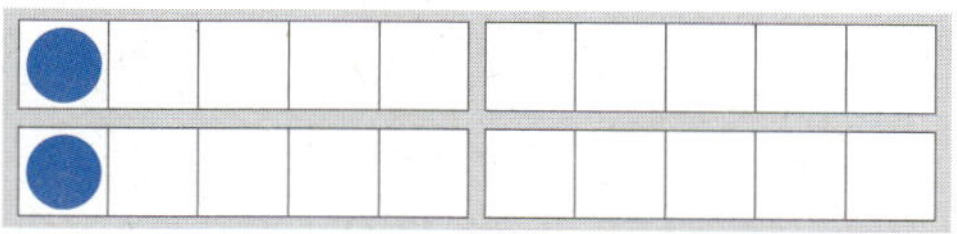

2 = ___ + ___

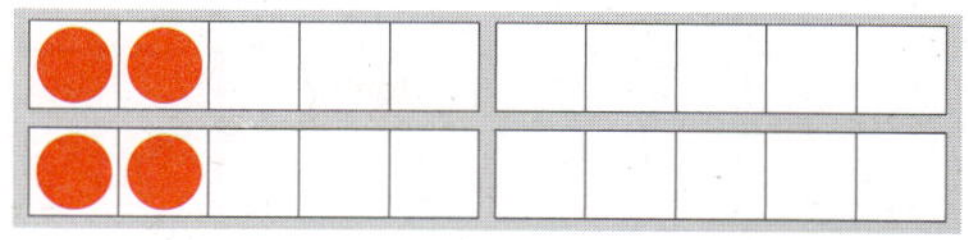

4 = ___ + ___

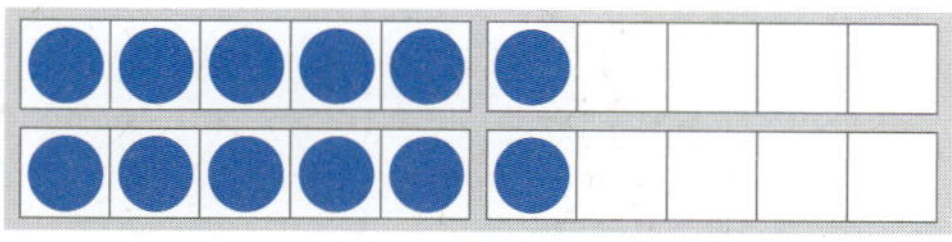

12 = ___ + ___

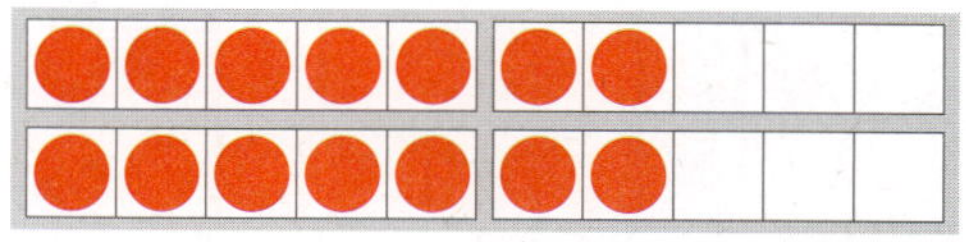

14 = ___ + ___

2 6 = ___ + ___ 8 = ___ + ___ 10 = ___ + ___

16 = ___ + ___ 18 = ___ + ___ 20 = ___ + ___  0 = ___ + ___

3 Halbiere.

4

Blitzrechnen: Halbieren .... Übt so immer wieder

Zahl zeigen und nennen.

Zahl halbieren.

1, 2 Fünfertrick beim Halbieren besprechen.
3, 4 Mit Rechengeld legen und mündlich lösen.
⚡ Zur Grundlegung und zum Üben aufgeklappte Umschlagseite benutzen.
Seite 61

Gerade und ungerade Zahlen

1 Zeichne die Muster der Zahlen. Schneide sie aus.

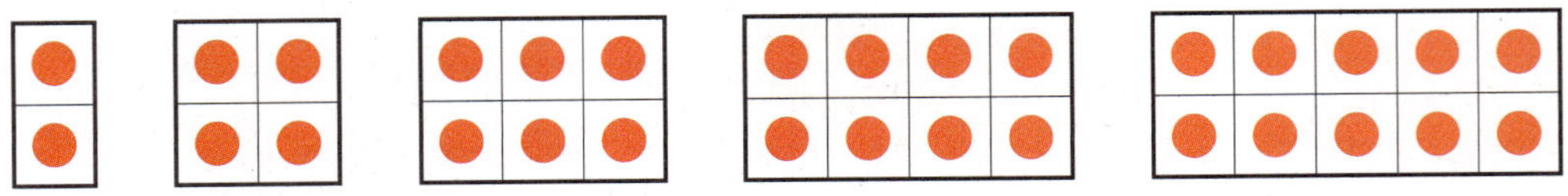

2 4 .... gerade Zahlen

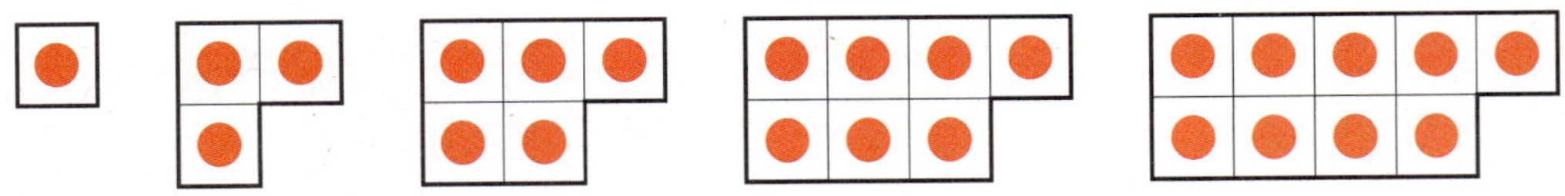

1 3 .... ungerade Zahlen

2

6 + 2 = 8 ....

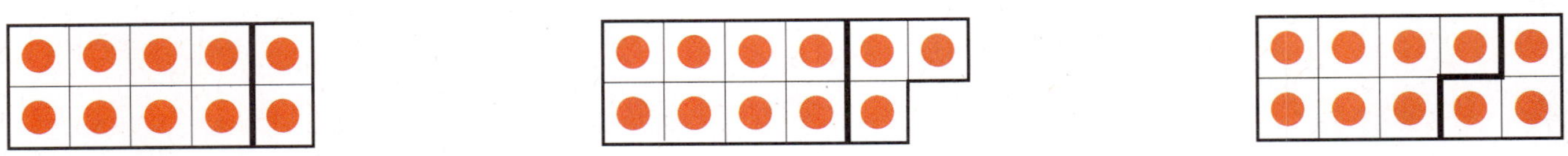

....

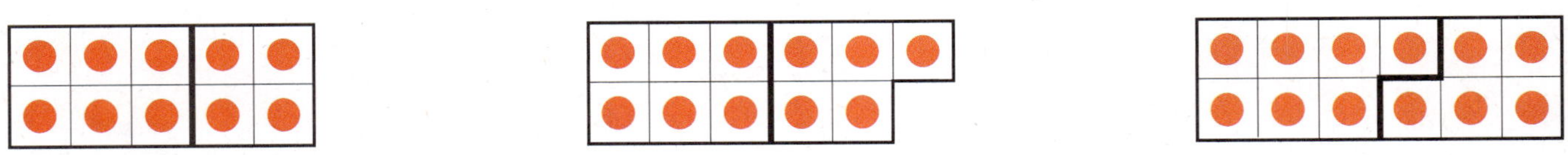

....

3 Finde Plusaufgaben mit geradem Ergebnis.

4

4 + 6 = ...	5 + 1 = ...	2 + 1 = ...	1 + 8 = ...
6 + 8 = ...	7 + 3 = ...	4 + 3 = ...	3 + 6 = ...
8 + 4 = ...	9 + 5 = ...	6 + 5 = ...	5 + 4 = ...
10 + 2 = ...	5 + 7 = ...	8 + 7 = ...	7 + 2 = ...
12 + 8 = ...	9 + 9 = ...	10 + 9 = ...	9 + 0 = ...

Was fällt euch auf? Könnt ihr es erklären?

1 Muster zu geraden und ungeraden Zahlen herstellen (evtl. Kopiervorlage).
2 – 3 Mit Mustern Aufgaben legen und rechnen.
4 Gerade und ungerade Ergebnisse besprechen.
Seite 61

1 Immer 14

5 + 5 + 4 = 14
3 + ___ + 5 = 14
2 + 6 + ___ = 14
4 + ___ + 6 = 14

2 Immer 12

1 + 5 + ___ = 12
___ + 4 + 4 = 12
2 + ___ + ___ = 12
3 + ___ + ___ = 12

3 Immer 8

1 + 3 + ___ = 8
6 + ___ + ___ = 8
___ + 5 + ___ = 8
___ + ___ + 4 = 8

4 Immer 6

4 + ___ + ___ = 6
___ + ___ + ___ = 6
___ + ___ + ___ = 6

Forschen und Finden

Wähle eine Zahl.
Wie kannst du sie mit drei Würfeln erreichen?

Immer 10

5 + 3 + 2 = 10
6 + 2 + 2 = 10
4 + 5 + 1 = 10

Immer 9

5 + 3 + 1 = 9

1 – 4 Mögliche Zerlegungen finden und eintragen.
Zweite Zahlenexpedition (Lehrerband).

Zählen in Schritten

1

2

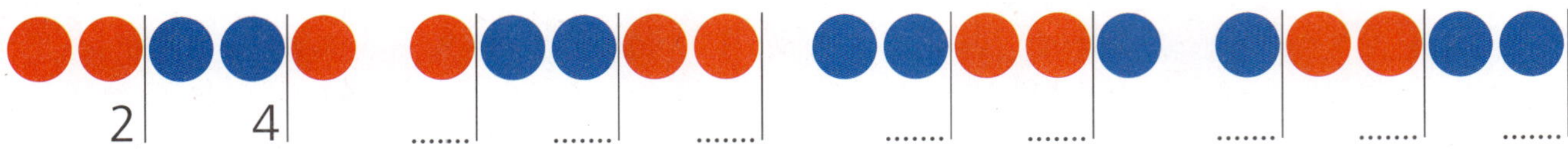

3

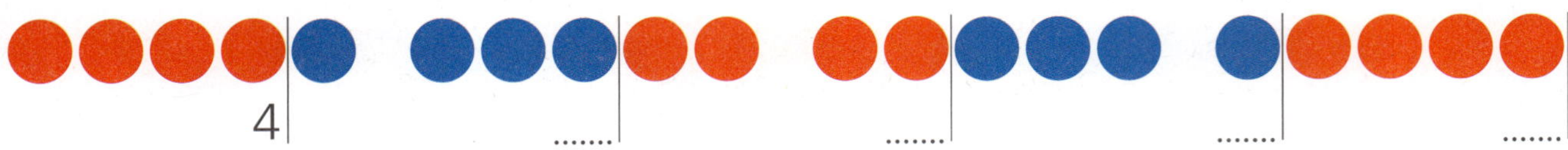

4

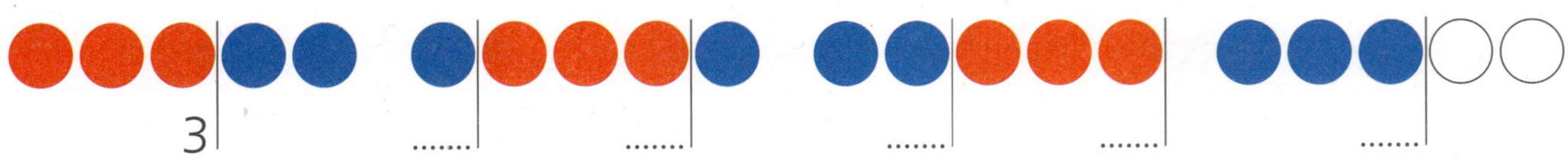

5 Zähle vorwärts:

Zweierschritte: 2, 4, ...
Fünferschritte: 5, 10, ...
Viererschritte: 4, 8, ...
Dreierschritte: 3, 6, ...

6 Zähle rückwärts:

Zweierschritte: 20, 18, ...
Fünferschritte: 20, 15, ...
Viererschritte: 20, 16, ...
Dreierschritte: 21, 18, ...

7 Welche Schritte führen zu 12?

8 Welche Schritte führen zu 20?

Blitzrechnen: Zählen in Schritten .... Übt so immer wieder

Schritte vorgeben.

In Schritten zählen.

1 – 4 In Schritten an der Zwanzigerreihe zählen.
5 – 8 Mündlich rechnen.
Zur Grundlegung und zum Üben hintere Umschlagklappe benutzen.

Rechnen in Schritten

1

Immer (+3)

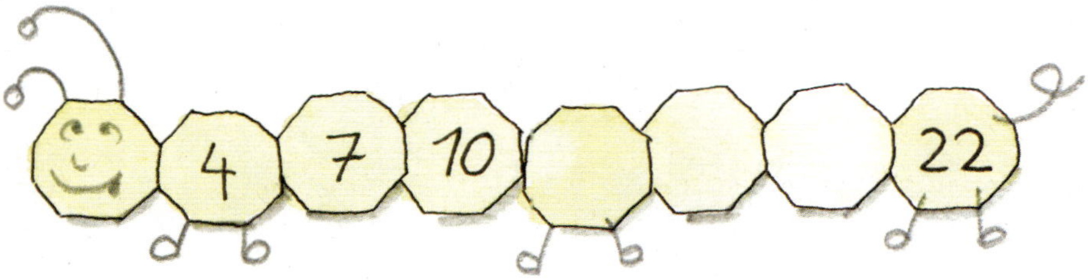

Immer (+4)

Immer (+3)

Immer (+2)

Immer (+5)

Immer (+5)

2 Immer (+)

3 Erfindet selbst Zahlenraupen.

1, 2 Übungsformat „Immer plus ...“ einführen und Aufgaben berechnen.
3 Selbst Zahlenraupen erfinden (Kopiervorlage) und vom Partner berechnen lassen.

Kugeln in der Umwelt

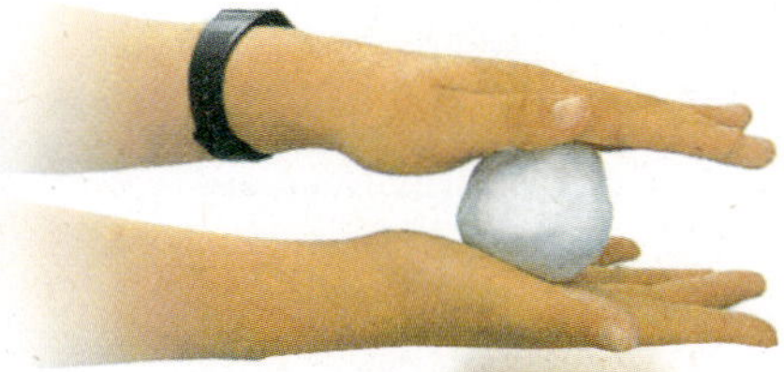

Kugeln aus knetbarer Masse selber formen und im Klassenverband Pyramiden bauen.
Kugeln in der Umwelt erkennen und besprechen.

Falten, schneiden, legen

1

2

3

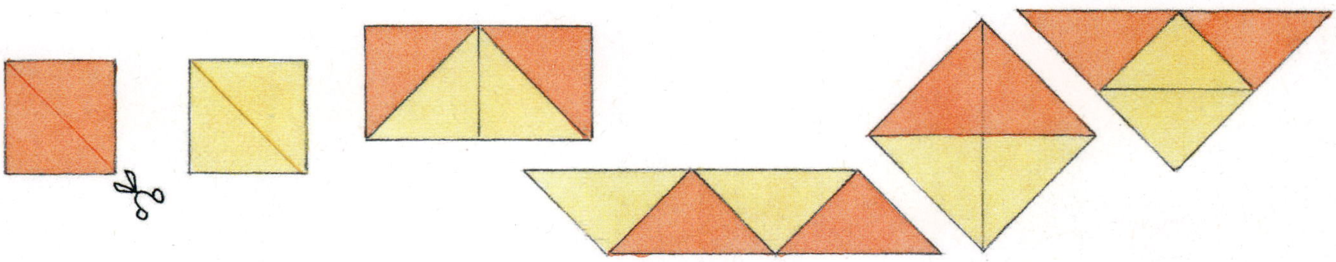

4

1 – 4 Papier falten, an der Faltlinie zerschneiden und neue Formen legen.

Spiegelbilder

Aus  mache

Mit einem Spiegel probieren.
Jeweils aus der oberen Figur die unteren Spiegelbilder herstellen.

Aus

mache

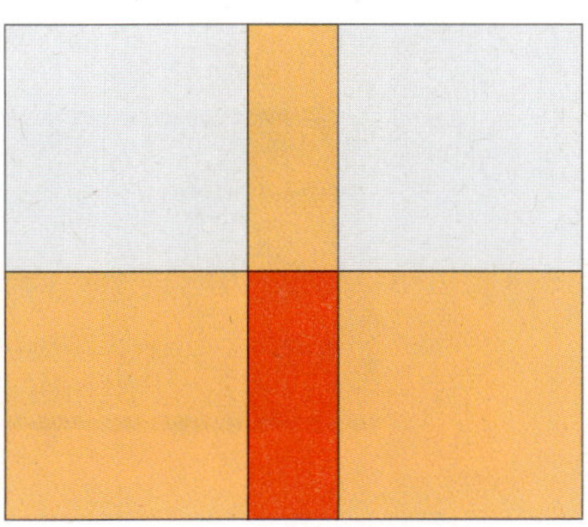

Finde selbst schöne Figuren.

Mit einem Spiegel probieren.
Jeweils aus der oberen Figur die unteren Spiegelbilder herstellen.

Plus mit gleichen Zahlen

Maria sieht 2 Zehner.
Bennie sieht 5 mal 4.

Merlin sieht 5 Vierer.
Anja sieht 4 Fünfer.

1 Kreise ein.

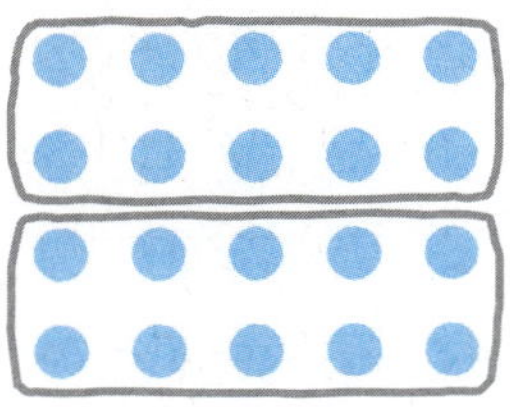

2 Zehner

.... Vierer

.... Zweier

.... Fünfer

2

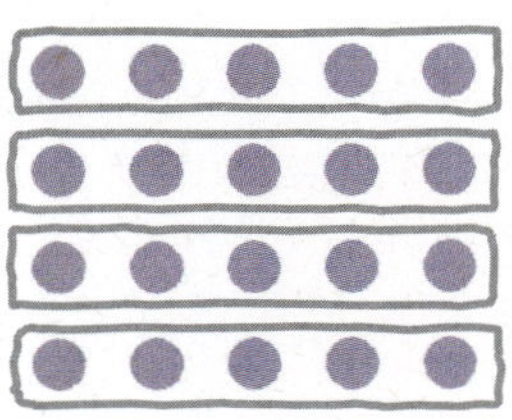

5 + 5 + 5 + 5

....

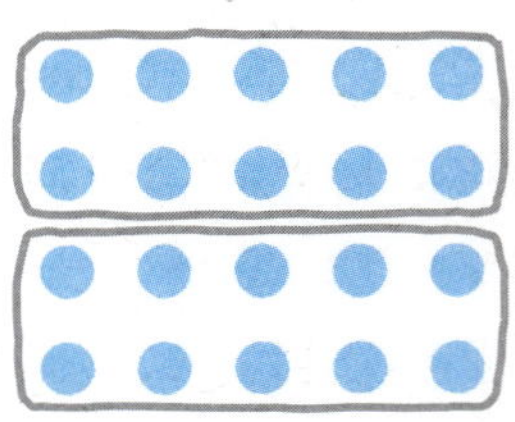

....

....

3 Lege 12 Plättchen. Bilde Zweier, Dreier, …

4

6 + 6

....

....

1 Zwanzigermengen verschieden einkreisen.
2, 4 Passende Plusaufgaben eintragen.
3 Mit Plättchen legen. Verschiedene Bündelungen bilden und besprechen.

1

5 mal 4 = ...

3 mal 3 = ...

2 mal 3 = ...

2 Zeige und rechne.

4 mal 4 = ...

2 mal 5 = ...

2 mal 4 = ...

3 mal 4 = ...

3 Wie viele Ohren haben 5 Elefanten?

4 Wie viele Beine haben 3 Mäuse?

5 Wie viele Schwänze haben 4 Mäuse?

Blitzrechnen: Mini-Einmaleins .... **Übt so immer wieder**

Aufgabe zeigen und nennen.

Ergebnis nennen.

Üben mit dem Rechendreieck

1

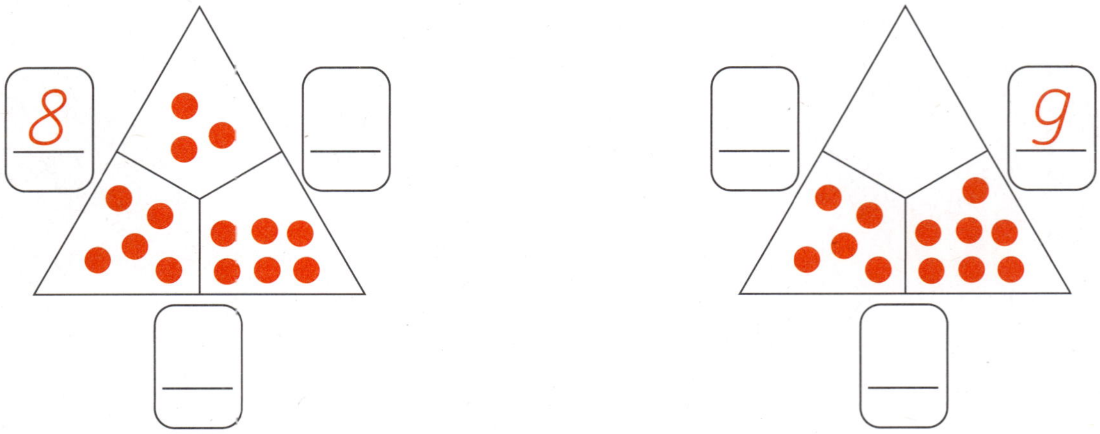

2

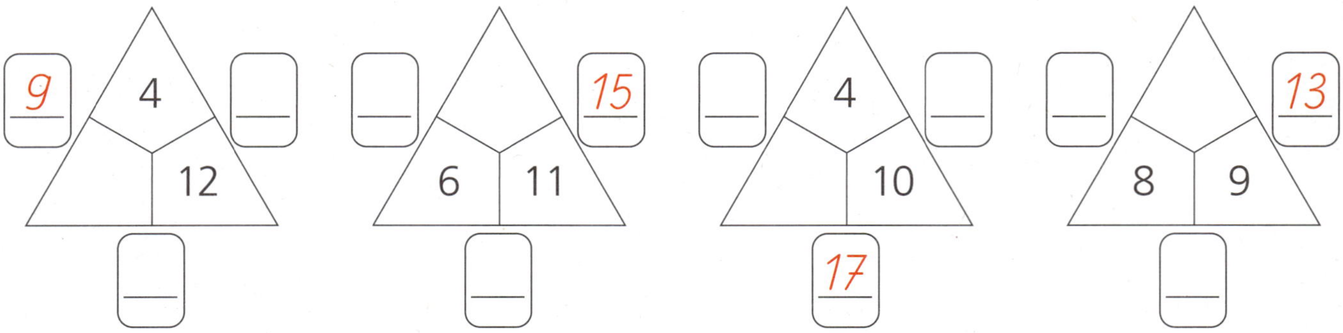

3

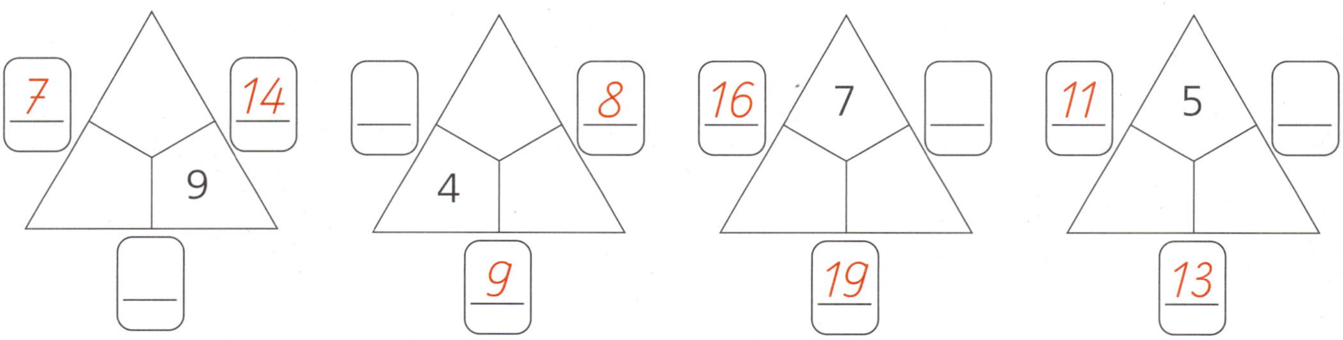

4 „Rot gegen Blau" Wer sperrt den anderen ein?

Abwechselnd ein Plättchen schieben, beliebig weit vor oder zurück. Nicht schräg, nicht überspringen.

1 – 3 Rechendreiecke vervollständigen, Beziehungen besprechen.
4 Partnerspiel. Anfangsposition (2 rote links, 2 blaue rechts) und Spielregeln besprechen.

1

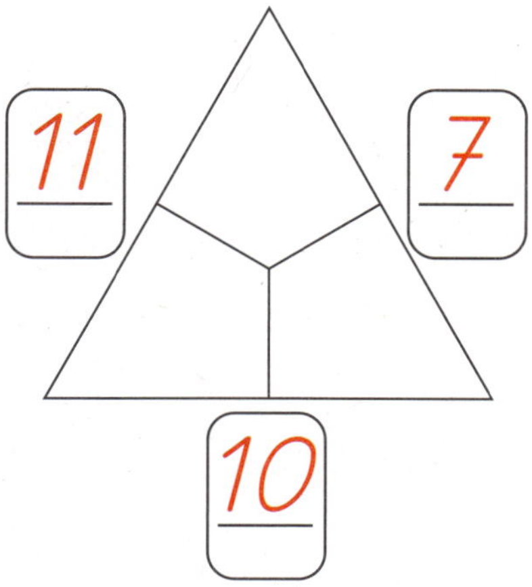

Isabelle probiert ...

2 Probiere.

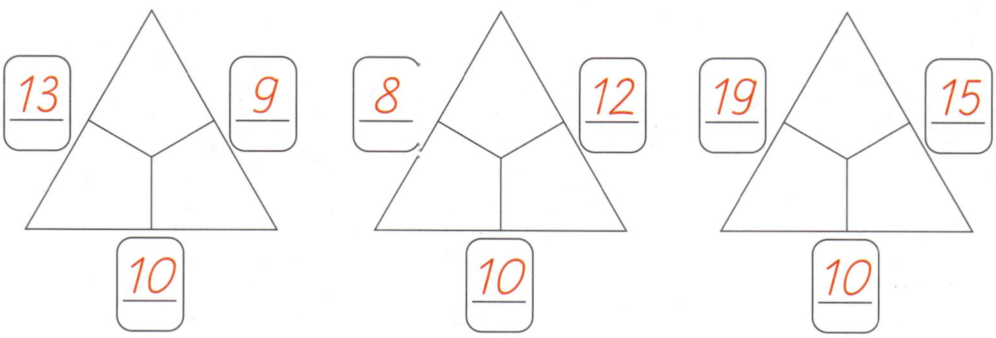

3

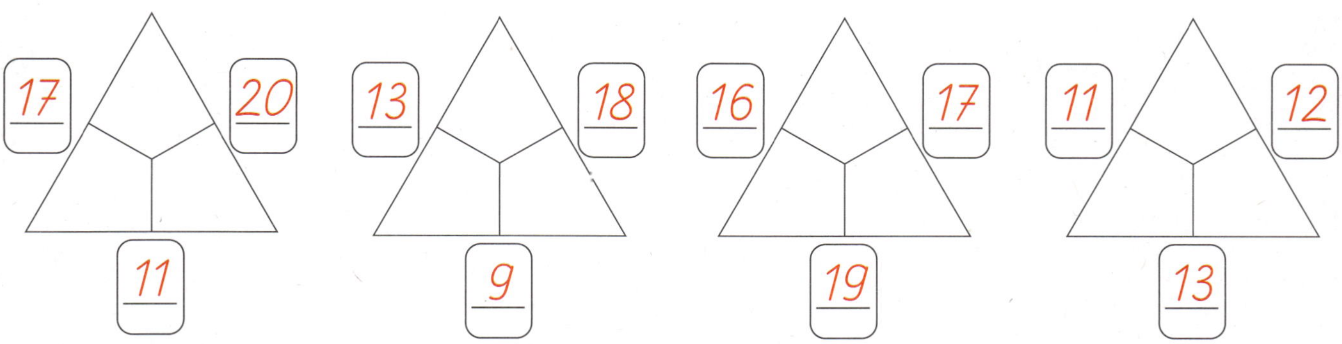

4 Trage die sechs Zahlen passend ein.

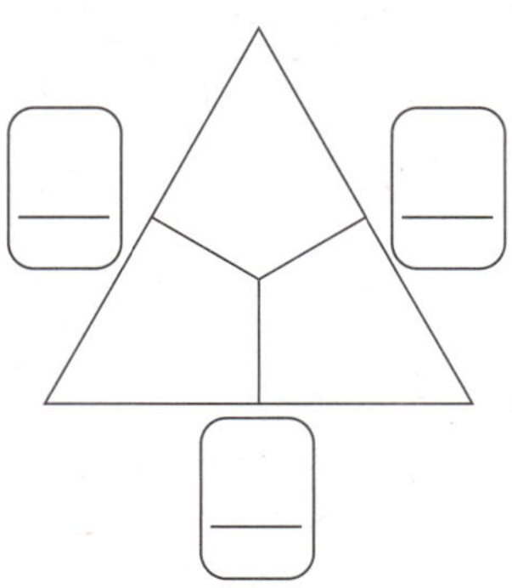

8, 7, 6,
3, 2, 1

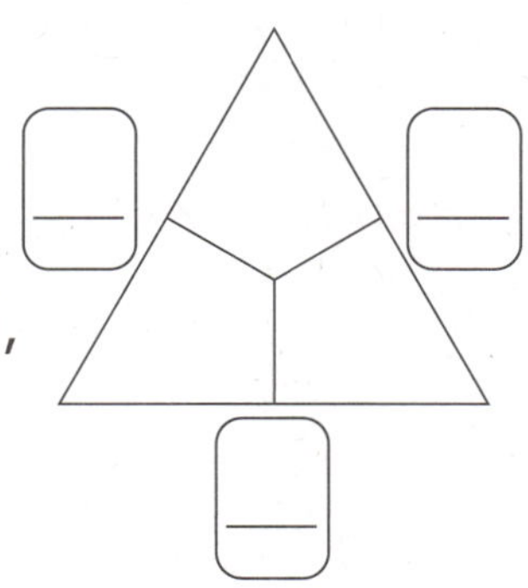

20, 19, 15,
12, 8, 7

5 Erfindet eigene Rechendreiecke.
Stellt euch gegenseitig Aufgaben wie in **4**.

1 Lösungsfindung durch fortgesetztes Probieren besprechen.
2, 3 Mit Hilfe von Plättchen auf Kopiervorlage (Lehrerband) lösen.
4 Mit vorgegebenen Zahlen Rechendreiecke bilden.
5 Eigene Rechendreiecke erfinden und vom Partner berechnen lassen.

Legen und überlegen

1

12
□ □
5 □ 1

Özal probiert …

2

15	10	10	12
□ □	□ □	□ □	□ □
4 □ 1	5 □ 1	6 □ 2	4 □ 2

3

13	18	15	20
□ □	□ □	□ □	□ □
6 □ 3	8 □ 4	6 □ 1	6 □ 10

4

19	14	18	15
□ □	□ □	□ □	□ □
9 □ 8	4 □ 2	8 □ 6	8 □ 7

Forschen und Finden

Finde Zahlenmauern mit Deckstein 6.

6	6	6
3 3	2 4	2 4
1 2 1	0 2 2	1 1 3

Probiere auch mit anderen Decksteinen.

1 – 4 Lösungen durch fortgesetztes Probieren mit Wendekarten finden.
4 Doppelt benötigte Karten evtl. beim Nachbarn ausleihen.
Dritte Zahlenexpedition (Lehrerband). Kopiervorlage verwenden.

1

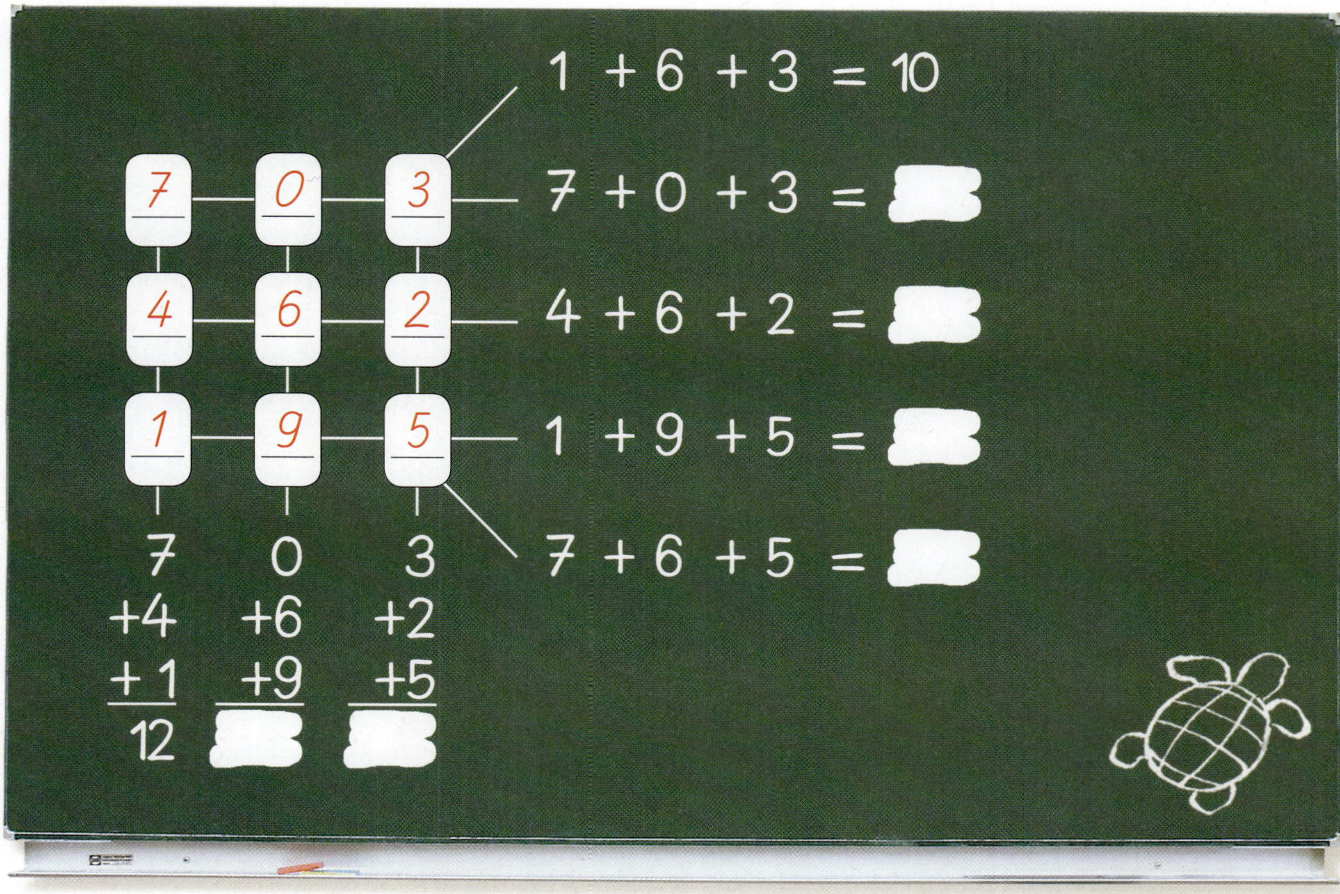

2

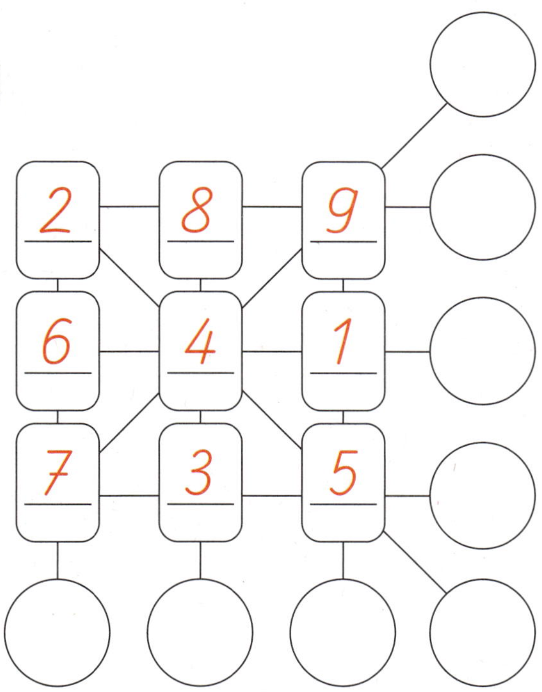

3

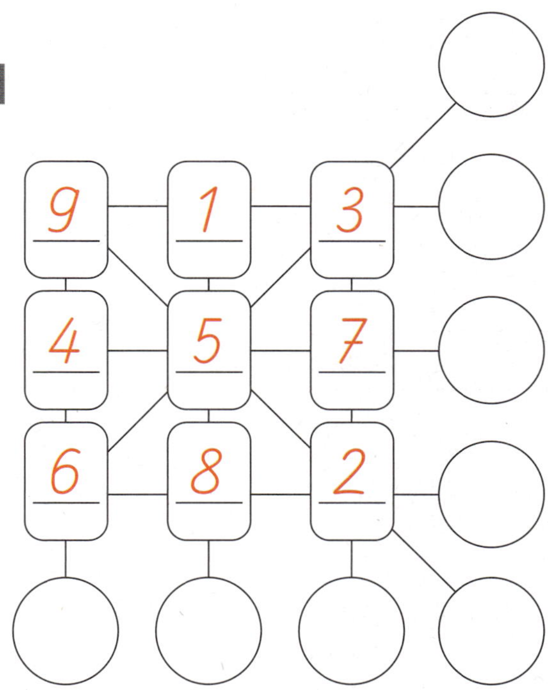

4 Zusammen immer 12.

Wie geht es noch?

5	4	3	5 + 4 + 3 = 12
9	2	1	9 + 2 + 1 = 12

Vorbereitung zu Seite 104.
1 – 3 Aufgaben mit Wendekarten legen. Jeweils die 8 Aufgaben ausrechnen.
4 Mit Wendekarten probierend lösen.
Seite 62

Das Zauberquadrat

1	2	3	4	5	6	7	8	9

Schreib 1 bis 9
in Dreierreih'n.

			◯
1	2	3	◯
4	5	6	◯
7	8	9	24
◯	◯	◯	15

Tausch 7 und 3,
was ist dabei?

			◯
1	2	7	◯
4	5	6	◯
3	8	9	◯
◯	◯	22	◯

Die 5 lass steh'n,
die andern dreh'n.

			◯
4	1	2	◯
3	5	7	◯
8	9	6	23
◯	◯	◯	◯

Nun finde zwei,
vertausche sie,
dann wirst du reich,
hast alles gleich.

			◯
☐	☐	☐	◯
☐	☐	☐	◯
☐	☐	☐	◯
◯	◯	◯	◯

Die Wendekarten 1 bis 9 nach Anweisung des Zauberers legen.
Jeweils die 8 Aufgaben ausrechnen.

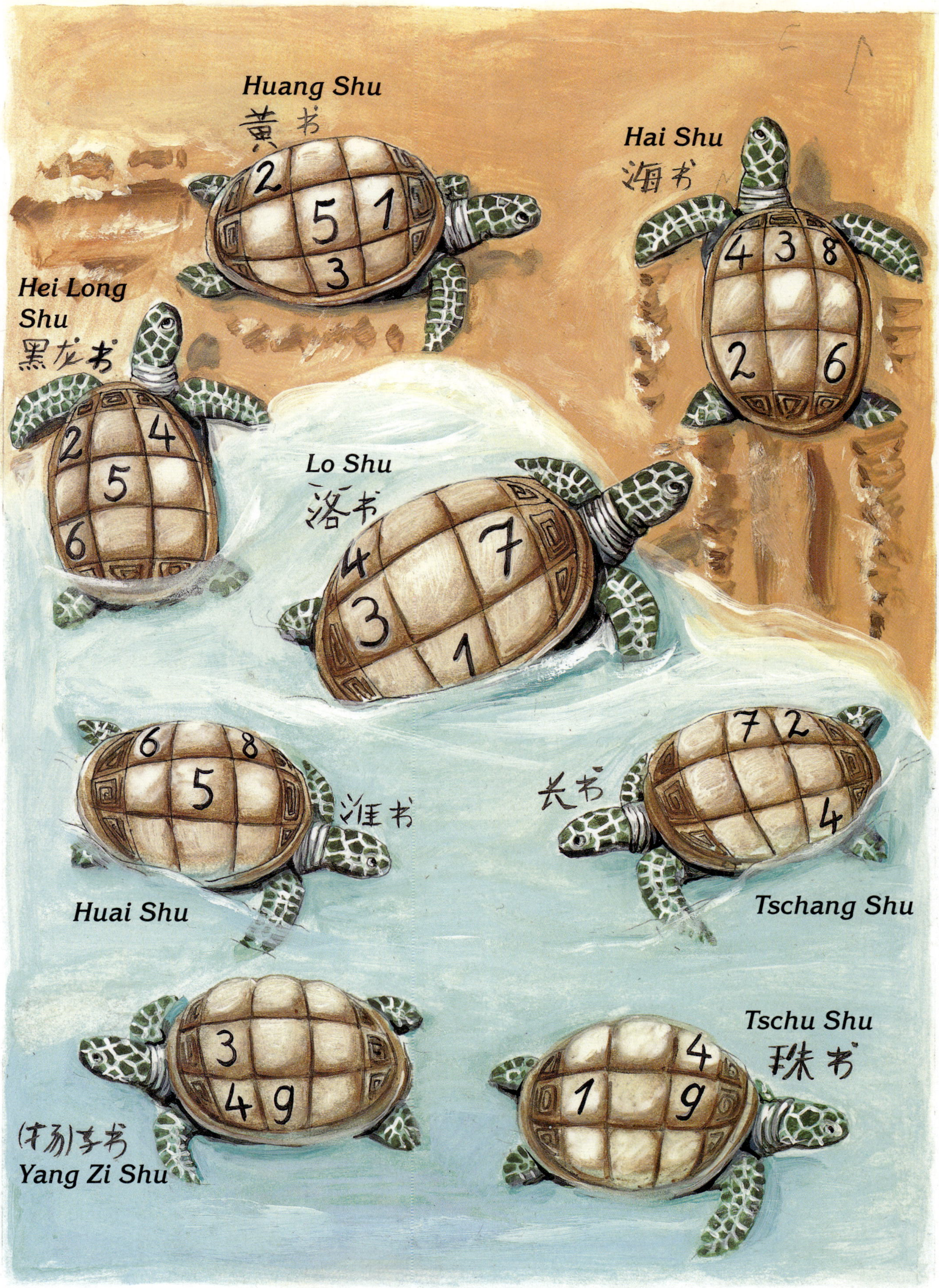

Alle Zauberquadrate mit der Summe 15 finden.
Seite 62, 63

Ungleichungen

1

kleiner < gleich = größer >

2

0 1 3 5 6 7 8 9 10 11 12 13 14 15 16 17 18 19 20

6 + □ < 11

Welche Zahlen passen?
Schreibe auf.

2	6	+	2	<	1	1
4	6	+	4	<	1	1

3

0 1 2 3 4 5 6 7 8 9 10 11 12 13 14 15 16 17 18 19 20

8 + □ < 13

Welche Zahlen passen?

4

Ich denke mir eine Zahl. Sie ist kleiner als 10 und größer als 6.
Welche Zahlen könnten es sein?

Erfinde selbst Rätsel.

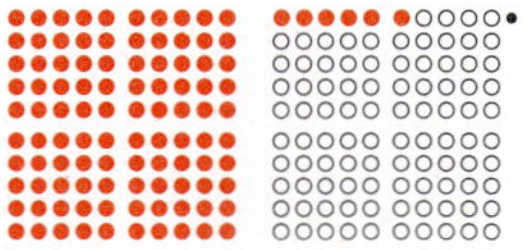

1 Jeweils Größe von zwei Kindern vergleichen mit der Höhe des Zauns.
2, 3 Begriff der Leerstelle einführen. Mit Wendekarten Lösungen der Ungleichungen suchen. Lösungszahlen herauslegen. Mögliche Ungleichungen aufschreiben.
4 Mündlich lösen. In Partnerarbeit ähnliche Aufgaben stellen und lösen.

1

0 1 2 3 4 5 6 7 8 9 10 11 12 13 14 15 16 17 18 19 20

$$12 - \square > 6$$

Welche Zahlen passen?
Du kannst 6 passende Zahlen finden.

2

0 1 2 3 4 5 6 7 8 9 10 11 12 13 14 15 16 17 18 19 20

$$20 - \square > 10$$

Welche Zahlen passen?
Du kannst 10 Zahlen finden.

3 Jan ist 12 Jahre alt, Lina ist 8 Jahre alt.
Kai ist jünger als Jan, aber älter als Lina.
Wie alt könnte Kai sein?

4 „15 gewinnt“

1 2 3 4 5 6 7 8 9

Zwei Spieler nehmen abwechselnd eine Karte.
Wer zuerst die Summe 15 bilden kann, gewinnt.

Maria hat gewonnen, denn
9 + 2 + 4 = 15.

1, 2 Mit Wendekarten Lösungen der Ungleichungen suchen. Lösungen herauslegen. Mögliche Ungleichungen aufschreiben.
3 Mündlich lösen.
4 Partnerspiel. Aus den gezogenen Karten die auswählen, die zusammen 15 ergeben.

Zehnerbündel

1

Als die Menschen noch keine Zahlen kannten, nahm ein Hirte ein Stück Holz, wenn er seine Schafe zählen wollte.
Für jedes Schaf schnitt er eine Kerbe ein.

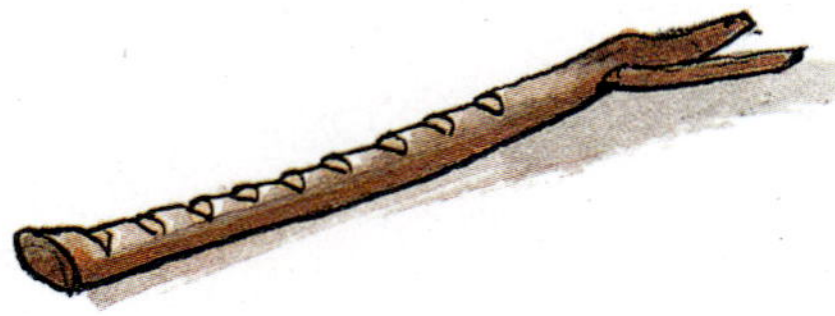

Heute werden Zahlen verwendet.

2 Wie viele Zehner? Wie viele Einer?

Z Zehner	E Einer

= ....

3

Z Zehner	E Einer

= ....

4

Z Zehner	E Einer

= ....

1 Vorlesen, erzählen; Vorteile und Nachteile dieser Zählmethode besprechen.
2 – 4 Tiere und Pflanzen zu Zehnern bündeln, einkreisen; in Stellenwerttafel eintragen, Zahl dazuschreiben

Seite 64

1 Wie heißen die Zahlen?

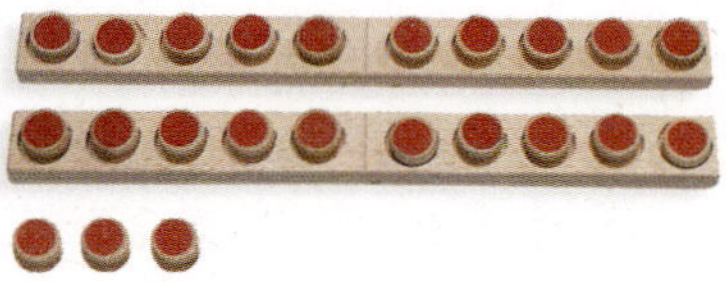

Z	E

= ....

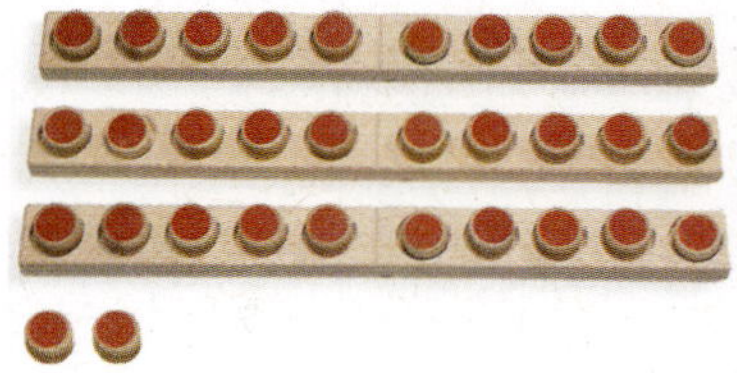

Z	E

= ....

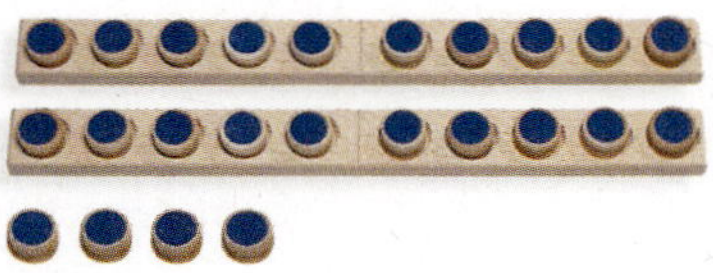

Z	E

= ....

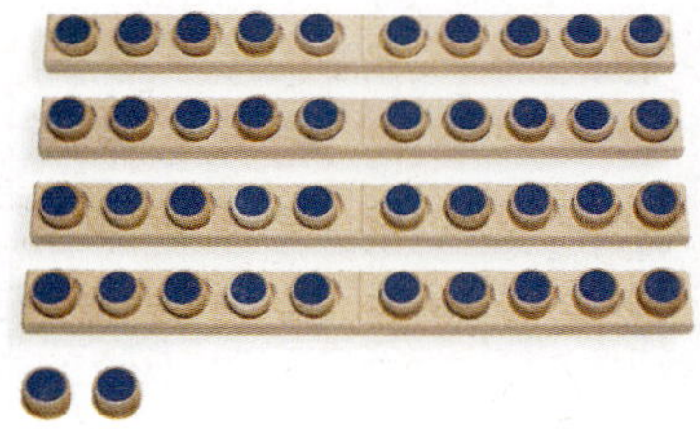

Z	E

= ....

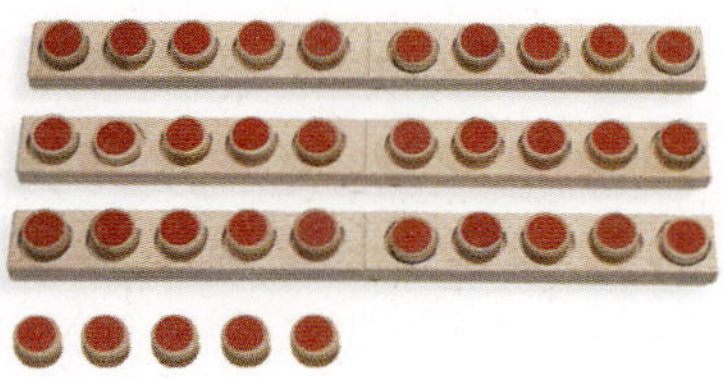

Z	E

= ....

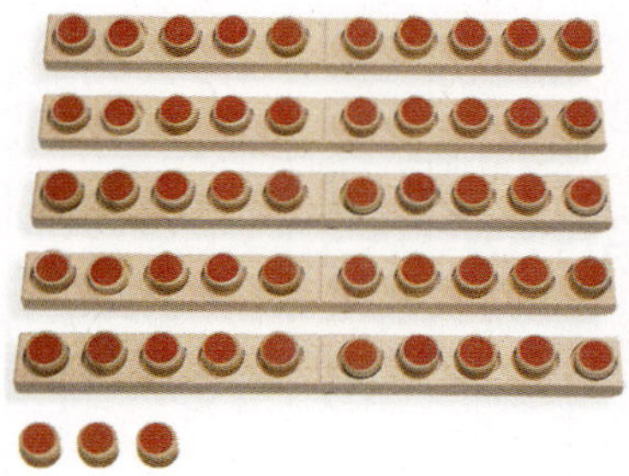

Z	E

= ....

2 Wie viele?

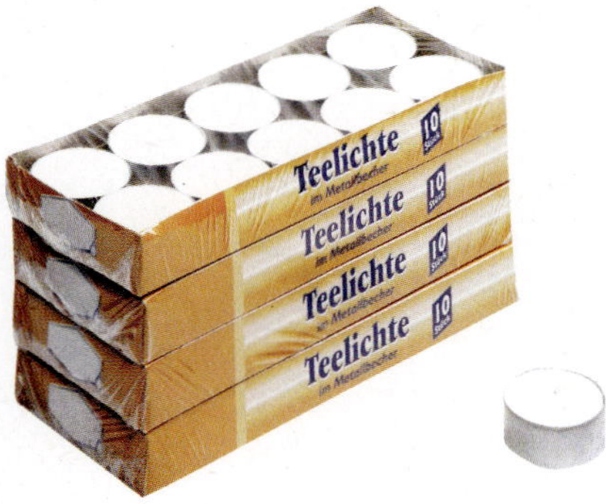

....

....

....

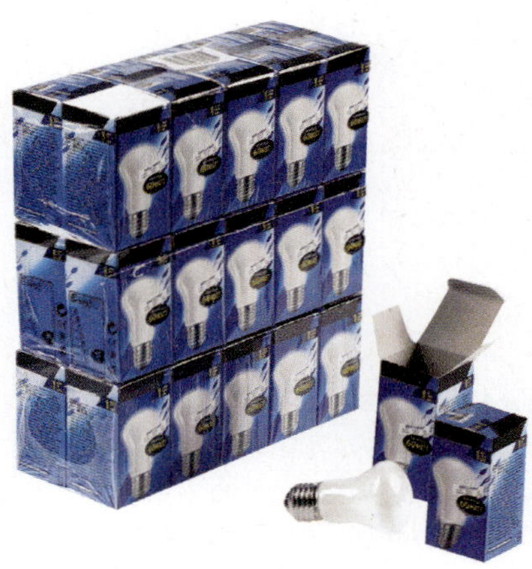

....

1, 2 Zahlen bestimmen und aufschreiben.
Zahlen gemeinsam lesen.

Die Zahlen von 1 bis 100

1 Welche Zahlen kennst du schon?

1	2	3	4	5	6	7	8	9	**10**	zehn
11	12	13	14	15	16	17	18	19	**20**	zwanzig
21	22	23	24	25	26	27	28	29	**30**	dreißig
31	32	33	34	35	36	37	38	39	**40**	vierzig
41	42	43	44	45	46	47	48	49	**50**	fünfzig
51	52	53	54	55	56	57	58	59	**60**	sechzig
61	62	63	64	65	66	67	68	69	**70**	siebzig
71	72	73	74	75	76	77	78	79	**80**	achtzig
81	82	83	84	85	86	87	88	89	**90**	neunzig
91	92	93	94	95	96	97	98	99	**100**	hundert

2 Setze einen Spielstein vor oder zurück.

10, 20, 30, ..., 100
100, 90, 80, ..., 10

1, 11, 21, ..., 91
96, 86, 76, ..., 6

8, 18, 28, ..., 98
93, 83, 73, ..., 3

15, 16, 17, ..., 25
75, 74, 73, ..., 65

38, 39, 40, ..., 50
53, 52, 51, ..., 40

5, 10, 15, ..., 50
95, 90, 85, ..., 50

3 „Rot gegen Blau" – Wer kann den anderen festsetzen?

🔵	2	3	4	5	6	7	8	9	**10**
11	12	13	14	15	16	17	18	19	**20**
21	22	23	24	25	26	27	28	29	**30**
31	32	33	34	35	36	37	38	39	**40**
41	42	43	44	45	46	47	48	49	**50**
51	52	53	54	55	56	57	58	59	**60**
61	62	63	64	65	66	67	68	69	**70**
71	72	73	74	75	76	77	78	79	**80**
81	82	83	84	85	86	87	88	89	**90**
91	92	93	94	95	96	97	98	99	🔴

Setzt 🔵 auf [1], 🔴 auf [100].
Rot und Blau ziehen abwechselnd:

🔵 1 oder 2 Einer oder Zehner vor,
🔴 1 oder 2 Einer oder Zehner zurück.
Die blaue Zahl muss immer kleiner sein als die rote.

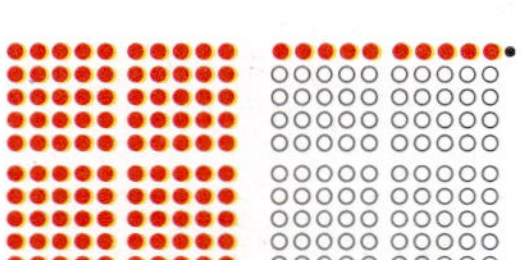

1 – 3 Orientierungsübungen an der Hundertertafel.
3 Strategiespiel in Partnerarbeit. Wer als erster festsitzt, hat verloren.

Würfelspiel in Partnerarbeit:
Start auf 50. Jeder Räuber geht so viele Fünfer in Richtung seiner Höhle, wie er Augen gewürfelt hat. (Beispiel: 4 Augen gewürfelt, 20 ziehen.)
Wer bekommt den Schatz in seine Höhle?

Münzen

1

2 Immer 10 Cent. Lege und male. — Wie viele Münzen?

(1) (1) (1) (1) (1) (1) (1) (1) (1) (1)	10
(2) (2) (1) (5)	4

3 Immer 20 Cent. Lege und male. — Wie viele Münzen?

(20)	1
(10) (5) (5)	3

4 Ich habe 2 Kupfermünzen. Wie viel Cent können es sein?

1 Erster Überblick über Cent-Münzen. 1-, 2-, 5-, 10-, 20-, 50-Cent-Münzen vorstellen.
2, 3 Passende Münzen legen und malen.
4 Mit Rechengeld probieren.

1 

Wie viele Münzen von jeder Sorte sind es?

1 Euro hat 100 Cent.

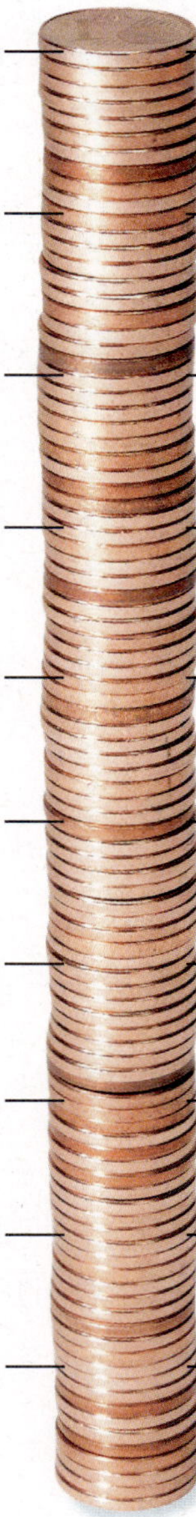

2 Immer 1 Euro. Lege und male.

(1 Euro)
(50) (10) (10) (10) (10) (10)
(50) (50)

3 Immer 50 Cent. Lege und male.

4

Katrin kauft:	Sie gibt:

Wie viel bekommt sie zurück?

Boris kauft:	Er gibt:

Wie viel bekommt er zurück?

1 Anzahl der Münzen jeder Sorte, evtl. auch Beträge bestimmen.
2, 3 Wechseln von Euro in Cent. Mit Rechengeld legen und malen.
4 Mit Rechengeld legen und mündlich lösen.
Seite 65

Sekunde, Minute, Stunde

1 Erzähle.

2 Beobachte die Zeiger einer Uhr.

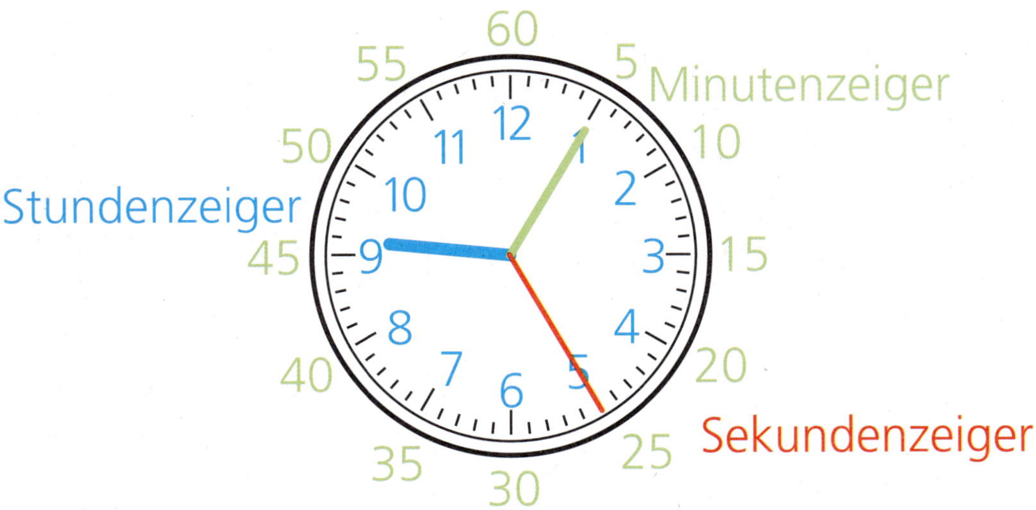

1 Stunde hat .... Minuten.

1 Minute hat .... Sekunden.

3 Wie lange dauert es etwa?

Zähne putzen

Deine Lieblingssendung

Fußballspiel

4 Versuche, für 1 Minute die Augen zu schließen.

1 – 4 Gefühl für die Dauer von Sekunde, Minute, Stunde an Sachsituationen entwickeln.

Zahlen aus meiner Klasse ....

1 Ich bin .... Jahre alt.
Ich habe .... Zähne.

2 Ich bin in Klasse ....
Unsere Lehrerin heißt ....
Unser Lehrer heißt ....

3 In der Klasse sind .... Kinder,
davon .... Mädchen und .... Jungen.

4 Unser Klassenraum

Klasse						

5 Unser Raum ist .... lang und .... breit.

6 Unsere Haustiere

						Andere Tiere

Zusammen						

Bald ist Weihnachten

1

1
2
3
4
5
6
7
8
9
10
11
12
13
14
15
16
17
18
19
20
21
22
23
24
25
26
27
28
29
30
31

2 Wir haben Teig. Wir haben Formen.
Viele schöne Plätzchen ausstechen!

Wie viele?

3 Lege viele.

Wie viele?

4

Diese Seiten müssen jahreszeitlich eingeordnet werden.
1 Symbole den Daten zuordnen, evtl. Wochentage eintragen. **2** Plätzchen ausstechen und backen. **3** So viele Plättchen (Plätzchen) wie möglich legen. **4** Schneemänner zeichnen.

5

6

7 Wie viele? Verteile.

8

5 Tüten herstellen. 6 Mit Faltschnitten die Tüten bekleben.
7 Plätzchen auf die Tüten verteilen, evtl. hineinmalen. 8 Tannen zeichnen.

Bald ist Ostern

Und schon hoppeln die Hasen
mit Pinseln und Tuben
und schnuppernden Nasen
aus Höhlen und Gruben,
durch Gärten und Straßen
und über den Rasen
in Ställe und Stuben.

Erich Kästner

1 Wie viele?

2 Weißt du, wie viele Eier es zusammen sind?

3

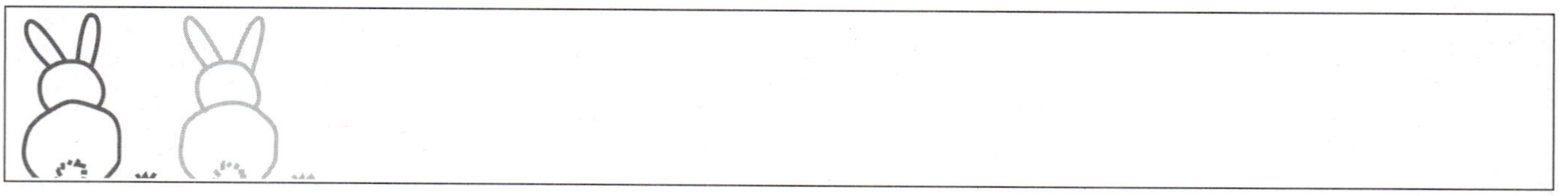

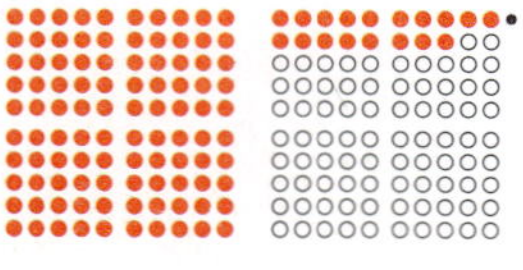

Diese Seiten müssen jahreszeitlich eingeordnet werden.
1 Dinge zählen und in die Tabelle eintragen.
2 Geschicktes Addieren – das Ergebnis ist größer als 40!
3 Hasen malen.

4 Immer 2 Eier im Nest.

5 Immer 3 Eier im Nest.

6 Lege immer 4 Eier in ein Nest.
Wie viele verschiedene Nester findest du?

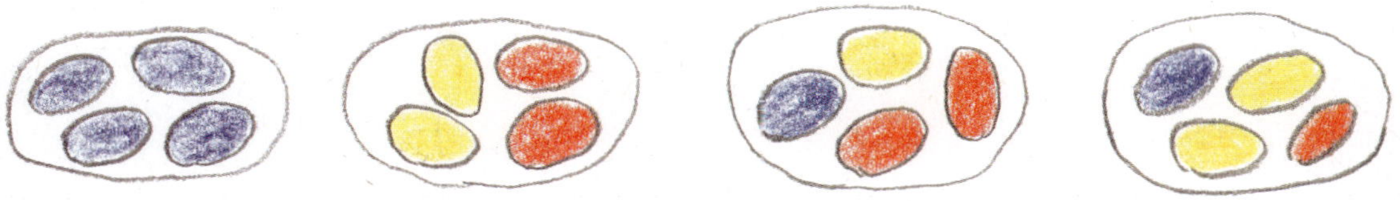

...

Das Zahlenbuch 1

von
Erich Ch. Wittmann
Gerhard N. Müller

Autoren der Erstausgabe:
Albert Berger
Marlene Fischer
Marlies Hoffmann
Maria Jüttemeier
Gerhard N. Müller
Erich Ch. Wittmann

Illustrationen:
Anne Wöstheinrich, Münster
Stefani Kampmann, Berlin: Cover- und Symboligel
Rolf Bunse, Aachen: S. 12/13, 16, 74/75
Jan Balaz, Düsseldorf: S. 104/105

Fotos:
Christian Günther, Leipzig
Martin Adam, Berlin: S. 12 (Kasperlepuppen, Bälle); S. 13 (Brot); S. 25, 41, 82 (Geldbörsen); S. 30 (Telefon); S. 31 (Schachteln); S. 42 (Teller, Torte); S. 53 (Pommes frites, Saftflaschen); S. 56 (Flaschen, Torte); S. 60 (Blumen, Enten); S. 88 (Torte); S. 94 (Wolle, Ball, Orangen, Globus); S. 108 (Gerbera); S. 113 (100 Cent); S. 28, 29, 55, 103, 115 (Schultafel); S. 117 (Keksbleche); S. 116/117 (Wald), 118/119 (Landschaft)

S. 17: Bodenfliesen: Agentur für Creative Werbung GmbH, Freiburg; S. 19: Kastanien: Reinhard Tierfoto, Heiligkreuzsteinach; Marienkäfer: Corbis, Mark Cooper, Düsseldorf; S. 22: Ameise: Ernst Klett Verlag, Stuttgart; Storch: Reinhard Tierfoto, Heiligkreuzsteinach; Kuh: MEV Augsburg; Kohlmeise: Silvestris, Kastl; Spinne: Okapia, Frank Hecker, Frankfurt; Tausendfüßer: Okapia, Frank Hecker, Frankfurt; S. 23: Lurch: Angermeyer, Holzkirchen; S. 37: Milchgebiss: Okapia, Photri Inc., Frankfurt; Lena: Getty Images, Taxi, Michele-Samieri; Hannnah: Corbis, Norbert Schäfer, Düsseldorf; Pit: B. Jäkel, Leipzig; S. 41: Zirkuszelt: FOCUS, Sascha Hartgers; S. 44: Pferde: Corbis Digital Stock, London; S. 45: Hirsch: Okapia, Frankfurt; Tannenzapfen: Getty Images, München S. 47: Pinguine: Imago, Berlin; Giraffen: Clem Haagner, Gallo Images/Corbis; Zebras: Anthony Bannister, Gallo Images/Corbis; Elefanten: M&C Denis-Hout, BIOS, Okapia; Löwen: Yann Arthus-Bertrand, Corbis; Eisbären: Dan Guravich, Corbis; S. 68: Rutsche und Kletterturm: Eibe, Röttingen; S. 69: Gänse: Reinhard Tierfoto, Hans Reinhard, Heiligkreuzsteinach; Hase: Corbis, Düsseldorf; S. 72: Turnschuh: Jens Schacht, Düsseldorf; S. 94: Glasbläser: Bildagentur Mauritius GmbH, O'Brien; Eis: StockFood Bildagentur, FoodPhoto-graphy Eising; Seifenblasen mit Kind: Bavaria/Masterfile, München; Schneemann: ZEFA visual media gmbh; Johannisbeeren: MEV, Augsburg; Perlenkette, Kugellager: Jens Schacht, Düsseldorf; S. 53, S. 88, S. 98: Kirschen: MEV, Augsburg; S. 115: Hund und Kaninchen: B. Helfer, Leipzig, Katze: K. Trinkaus, Meerbusch, Goldfisch: Reinhard Tierfoto, Hans Reinhard, Heiligkreuzsteinach, Wellensittich: MEV Augsburg